濒危植物赤水蕈树多样性保护研究

张梦婷 刘邦友 主编
刘曌玥 蔡琦琪 余丽萍 执行主编

SWUP
西南大学出版社
国家一级出版社 全国百佳图书出版单位

图书在版编目(CIP)数据

濒危植物赤水蕈树多样性保护研究 / 张梦婷, 刘邦友主编. -- 重庆 : 西南大学出版社, 2024. 10.

ISBN 978-7-5697-2759-3

Ⅰ. Q949.751.4

中国国家版本馆CIP数据核字第20248X6P71号

濒危植物赤水蕈树多样性保护研究

BINWEI ZHIWU CHISHUI XUNSHU DUOYANGXING BAOHU YANJIU

主　　编　张梦婷　刘邦友

执行主编　刘曌玥　蔡琦琪　余丽萍

责任编辑: 杜珍辉
责任校对: 秦　俭
装帧设计: 闰江文化
排　　版: 王　兴
出版发行: 西南大学出版社(原西南师范大学出版社)
　　　　　地址: 重庆市北碚区天生路2号
　　　　　邮编: 400715
印　　刷: 重庆升光电力印务有限公司
成品尺寸: 210 mm×285 mm
印　　张: 15.75
字　　数: 336千字
版　　次: 2024年10月　第1版
印　　次: 2024年10月　第1次印刷
书　　号: ISBN 978-7-5697-2759-3
定　　价: 78.00元

前言

赤水蕈树（*Altingia multinervis* W. C. Cheng）为蕈树科（Altingiaceae）蕈树属（*Altingia*）植物，是贵州省赤水市特有珍稀濒危植物。1938年，植物分类学家钟补勤于天台山采集，后经树木分类学家郑万钧鉴定为蕈树属新种，并定名为赤水蕈树。本种是狭域分布种，也是最受关注的物种之一，目前已被列入《国家重点保护野生植物名录》（2021版），同时也是蕈树属中唯一的保护植物，在贵州省、全国乃至全世界都有举足轻重的地位。因此，对赤水蕈树进行研究具有重要的指导意义和科研价值。

赤水蕈树野外资源量极少、分布区域狭窄，多生长在地势较高的山脊，海拔600～1 000 m的山地常绿阔叶林中。其分布区的气候具有春暖夏热，热量条件优越，降水充沛等特点。赤水蕈树树干端直，木材材质细密、坚硬，古时在赤水地区作为造船和桥梁用材，且抗逆性较强，萌生性较好，可为向阳荒山的造林树种，具有较大的经济价值。由于该种野生资源分布区域狭窄、种群资源量极少，生境遭到毛竹扩张干扰、破坏严重，种群生存受到极大威胁。目前，针对赤水蕈树的研究较少，有学者对赤水蕈树的潜在分布区与现存资源量进行了初步研究，为制定赤水蕈树的保护措施和方法提供了一定理论指导。

黔北赤水河一带是贵州省生物多样性保护的热点区域之一。赤水蕈树是赤水河河谷的关键种之一，对保护生物多样性、维持生态系统稳定具有重要作用。然而，赤水蕈树从未有过系统的专题研究，国内外关于赤水蕈树的研究极少，亟需科学研究与保护。本研究在全面调查赤水蕈树群落基础上，从物种所在的天然群落生境特征、种群结构、群落主要物种生态位与种间联结、主要物种与土壤生境关系、生殖繁育、表型多样性以及遗传多样性等角度，开展赤水蕈树多样性研究，以期为该物种的科学保护和开发利用提供理论基础。

本书内容图文并茂，强调实用性和科学性，方便读者阅读。全书较为系统地总结了近年来贵州赤水桫椤国家级自然保护区管理局在赤水蕈树保护与研究领域所取得的进展，以及现阶段正在开展的较为系统的赤水蕈树研究，包括赤水蕈树的发现与分类，分布区的主要生态条件，分布与资源量，群落组成与结构特征，种群结构特征，群落生境特征，群落与生境因子的响应关系，表型多样性，花、果繁殖特性，遗传多样性与群体分化，种子生物学特性，木材材性等方面，并提出科学且具有针对性的保护对策。本书研究可进一步丰富赤水蕈树的研究内容与成果，为赤水蕈树保护和种群可持续性发展利用提供依据。

本书是贵州赤水桫椤国家级自然保护区管理局与贵州大学长期合作的成果总结，在调查、整理和成稿过程中，得到了贵州赤水桫椤国家级自然保护区管理局和贵州大学的大力支持，特此鸣谢。同时谨向本书所有的贡献者致以最诚挚的谢意！

由于时间仓促，加之编者水平有限，本书在编写过程中难免有疏漏和不足之处，望广大读者批评、指正。

编　者

2024年10月

Introduction

Altingia multinervis W. C. Cheng belongs to *Altingia* of Altingiaceae. It is a rare and endangered plant endemic to Chishui City, Guizhou Province. In 1938, Zhong Buqin, a plant taxonomist, collected the specimen in Tiantai Mountain. Later, Zheng Wanjun, a tree taxonomist, identified it as a new species of the genus *Altingia*, and named it *Altingia multinervis*. This species is a narrowly distributed species and one of the most concerning species. It is listed as a second-class protected plant by the ‘ National Key Protected Wild Plant List ’ and is also the only protected plant in the genus *Altingia*. The wild resources of *Altingia multinervis* are very few, and the distribution area is narrow. The climate in the distribution area is a typical warm and hot valley climate. It has the characteristics of warm spring and hot summer, superior heat conditions, and abundant precipitation. It mostly grows on the higher ridges and in the mountainous evergreen broad-leaved forest at an altitude of 600–1 000 m. The stem of *Altingia multinervis* is straight, and the wood material is fine and hard. In ancient times, it was used as shipbuilding and bridge material in Chishui area, and it has strong resistance and good germination. It can be used as afforestation tree species in the barren hills and has great economic value. Due to excessive deforestation, the habitat of *Altingia multinervis* has been severely damaged, resulting in a serious loss of wild population resources. At present, there are few studies on *Altingia multinervis*. Some scholars have conducted a preliminary study on the potential distribution area and existing resources of the *Altingia multinervis*, which provides some theoretical guidance for the protection measures and methods.

The Chishui River area in northern Guizhou is one of the hotspots of biodiversity conservation in Guizhou Province. *Altingia multinervis* is one of the key species in Chishui River Valley, which plays an important role in protecting biodiversity and maintaining ecosystem stability. However, there has never been a systematic monographic study on *Altingia multinervis*. Few studies on *Altingia multinervis* have been conducted both domestically and internationally, and scientific research and protection are urgently needed. In this study, based on the comprehensive investigation of the *Altingia multinervis* community, the diversity of the *Altingia multinervis* was studied from the perspectives of the natural community habitat characteristics, population structure, niche and interspecific association of the main species in the community, the relationship between the main species and the soil habitat, reproductive breeding, phenotypic diversity and genetic diversity, in order to provide a theoretical basis for the scientific protection and development and utilization of the species.

The content of this book is illustrated, emphasizing practicality and scientificity, which is convenient for readers to read. The book systematically summarizes the progress made by the *Chishui Alsophila spinulos* National Nature Reserve Administration in recent years in the field of protection and research of *Altingia multinervis*, and the systematic research on *Altingia multinervis* is being carried out at this stage, including the identification and classification of *Altingia multinervis*, the main ecological conditions of the distribution area, distribution and resource quantity, community composition and structural characteristics, population structure characteristics, community habitat characteristics, community and habitat factors response relationship, phenotypic diversity, flower and fruit reproduction characteristics, genetic diversity and population differentiation, seed biological characteristics, wood properties, etc. And put forward scientific and targeted protection countermeasures.

The study of this book can further enrich the research content and results of *Altingia multinervis*, and provide a basis for the protection of *Altingia multinervis* and the sustainable development and utilization of the population.

This book is a summary of the results of the long-term cooperation between the Guizhou Chishui *Alsophila spinulosa* National Nature Reserve Administration and Guizhou University. In the process of investigation, collation and drafting, it has received the concern and support of the Guizhou Chishui *Alsophila spinulosa* National Nature Reserve Administration and the strong support of Guizhou University. At the same time, I would like to extend my sincere thanks to everyone who contributed to this book!

Due to the limited time and the limited level of editors, there are inevitably omissions and deficiencies in the process of writing this book, which is expected to be criticized and corrected by readers.

Editor

October 2024

目录
CONTENTS

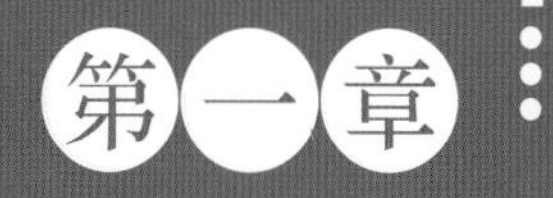

第一章

赤水蕈树的发现与分类

第一节

赤水蕈树的发现及其重要意义

一、赤水蕈树的发现与命名

目前，蕈树属在全球约12种，分布于印度、中国、马来西亚、印度尼西亚及中南半岛。其中中国有8种，分布于东南地区至西南地区。赤水蕈树（*Altingia multinervis*）是蕈树科（Altingiaceae）蕈树属（*Altingia*）的常绿乔木，发现于贵州赤水，属于贵州特有种植物。1938年由中国植物学家钟补勤在天台山采集到该物种的标本（图1-1），后经树木分类学家郑万钧鉴定为新种，1947年正式命名为“赤水蕈树”。

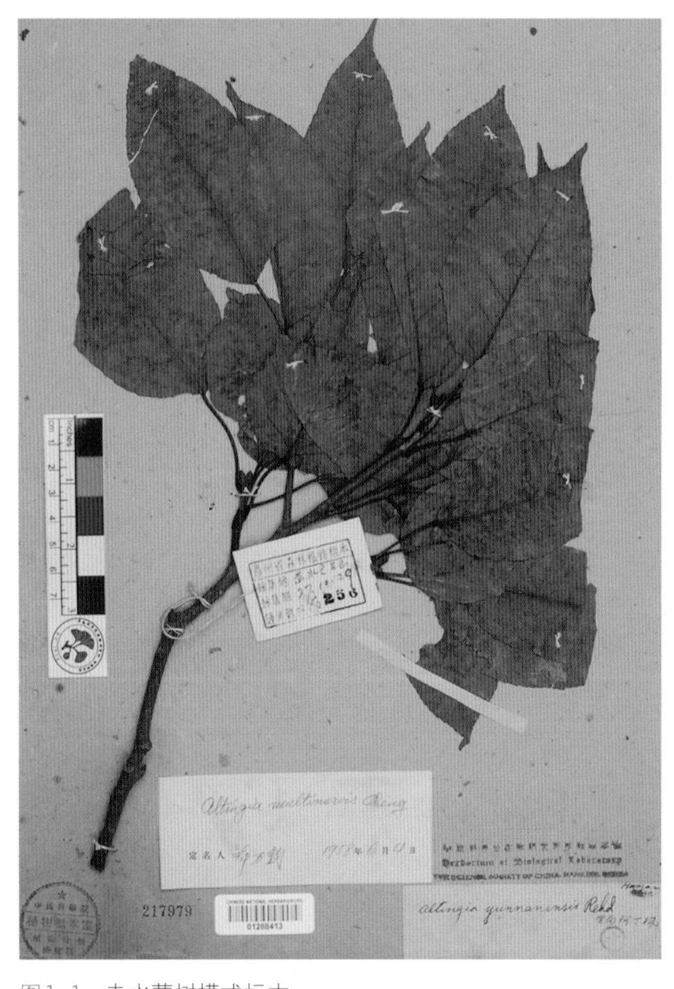

图1-1　赤水蕈树模式标本

Figure1-1 Type specimen of *Altingia multinervis*

二、赤水蕈树的发现在科学研究上的重要作用

赤水蕈树（图1-2）发现于贵州赤水的天台镇、元厚镇、葫市镇、长期镇及石堡乡等地，资源量极少。长期以来，赤水蕈树的野外生存面临着极大挑战，已被列为国家二级保护野生植物。赤水蕈树的树干挺直，木材质地坚硬，适用于建筑、家具制作，也可砍倒作为优良的食用菌培养基和培育香菇的母树。其树皮流出的树脂不仅具有香料价值，还可供药用，具有很好的经济和药用价值。

鉴于该种的科研价值、开发利用价值以及当前的濒危状态，对其开展必要的资源分布调查、濒危机制研究显得刻不容缓。现阶段不仅需要对赤水蕈树从森林培育学、植物资源学、生理生态学、保护生物学等方向开展更有深度的研究，还需要加大濒危植物相关知识，如生存状态、保护意义及取得的成效等信息的宣传力度。为此，应积极利用各种报刊、电视、网站、自媒体等多种渠道，以及建立自然博物馆等科普基地的方式，对社会公众进行科普教育，以提高公民的保护意识。

图1-2　赤水蕈树

Figure1-2 The *Altingia multinervis*

第二节
赤水蕈树的分类地位及形态特征

一、分类地位

被子植物是当今世界植物界中进化程度最高、种类最多、分布最广、适应性最强的类群。现知全世界被子植物共约有30万种，占植物界总数的一半以上。中国已知的被子植物有2 700多属，3万余种，被子植物与人类有着极为密切的关系。历史上，蕈树科曾被归于金缕梅科，由于不同的形态特征和DNA序列，在2006年被视为一个单独的科。在分类学上，蕈树科与芍药科、金缕梅科、连香树科和虎皮楠科一起置于虎耳草目的进化枝中。蕈树科包括3属，即蕈树属、枫香树属（*Liquidambar*）和半枫荷属（*Semiliquidambar*）。蕈树属是蕈树科下的一属，本属约12种，其中最常见的为蕈树，而赤水蕈树是蕈树属中唯一的国家重点保护野生植物。

二、形态特征

（一）植株

赤水蕈树为常绿乔木，树皮灰褐色，嫩枝略有柔毛，很快变秃净，有皮孔，干后黑褐色；芽体卵形，长约1 cm，外侧有短柔毛，有多数鳞状苞片包裹着（图1-3、图1-4）。

图1-3　赤水蕈树树皮

Figure1-3 Bark of *Altingia multinervis*

（二）叶

单叶互生，革质，无毛；叶卵形或卵状椭圆形，长6～10 cm，宽3～6 cm，先端渐尖，基部圆或钝，稀微心形；侧脉9～14对；叶缘钝锯齿；叶柄长2～4 cm（图1-5、图1-6）。

图1-4　赤水蕈树植株
Figure1-4 Plant of *Altingia multinervis*

图1-5　赤水蕈树嫩叶
Figure1-5 Young leaves of *Altingia multinervis*

图1-6　赤水蕈树成熟叶片
Figure1-6 Mature leaves of *Altingia multinervis*

(三)花

花小,单性,雌雄同株,无花瓣。雄花排成头状(或总状)花序,花期3—5月(图1-7、图1-8、图1-9)。

图1-7　赤水蕈树花苞
Figure1-7 Flower buds of *Altingia multinervis*

图1-8　赤水蕈树花形态
Figure1-8 Flower morphology of *Altingia multinervis*

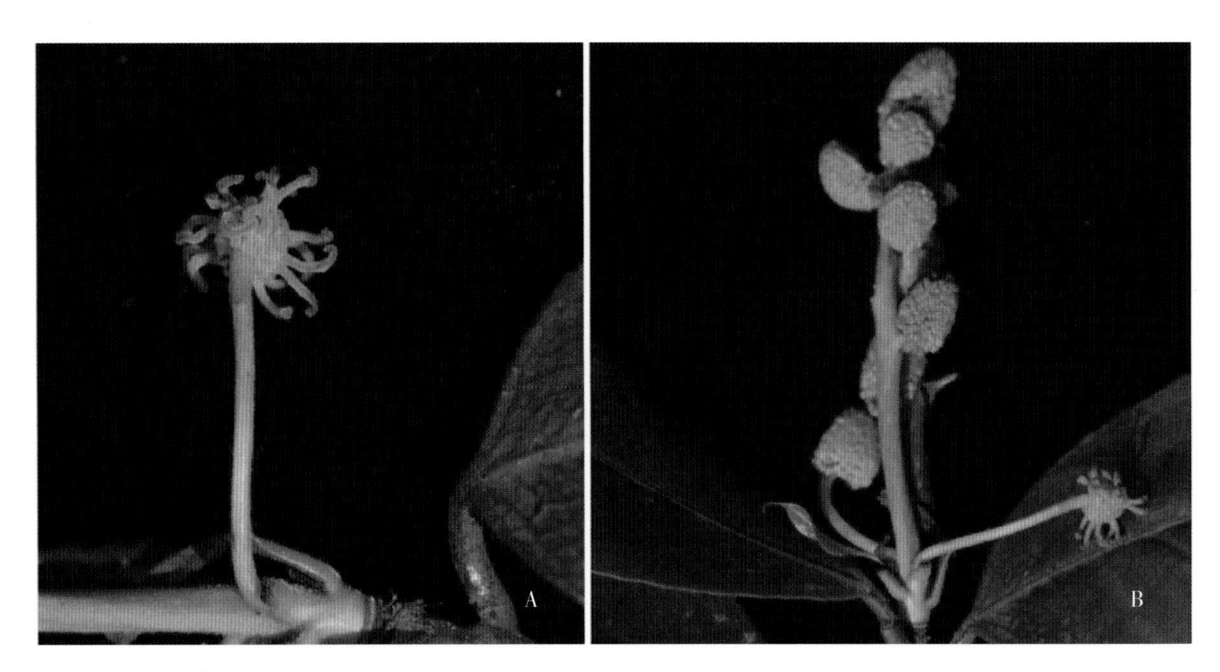

图1-9　赤水蕈树花(A.雌花;B.雄花)
Figure1-9 Flowers of *Altingia multinervis*（A. Female flower ;B. Male flower）

(四)蒴果

头状果序圆球形,径约2 cm,有蒴果9 ~ 18个;果序柄长2.0 ~ 3.5 cm;蒴果几乎藏于头状果序轴内,宿存花柱长1 mm,萼齿鳞片状或小瘤状,果期8—10月(图1-10、图1-11、图1-12)。

图1-10　赤水蕈树果实1
Figure1-10 Fruits of *Altingia multinervis* 1

图1-11　赤水蕈树果实2

Figure1-11 Fruits of *Altingia multinervis* 2

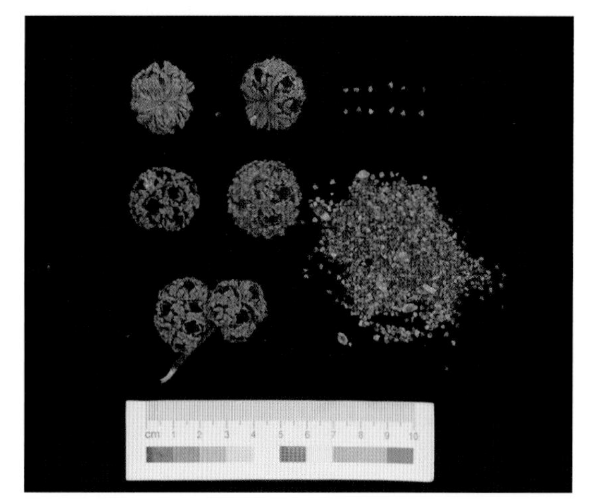

图1-12　赤水蕈树果实及种子

Figure1-12 Fruits and seeds of *Altingia multinervis*

分布区的主要生态条件

第一节
地质地貌

赤水蕈树分布区在地貌上处于贵州高原黔北大娄山脉北支的西北坡，是向四川盆地递降的坡麓地带，也可以说是四川盆地南部边缘的斜坡地带。由于本区在挽近地质历史时期，该区域构造活动基本上是大面积的上升运动，因此区内侵蚀基面低，河床纵比降大，河流下切和溯源侵蚀作用强烈，袭夺现象发育明显，河谷多呈“V”形或“U”形，且峡谷与嶂谷相互嵌套，充分展示出该区域山高坡陡谷深的地貌特点（图2-1）。

从地势上看，赤水蕈树分布区内地势呈现东南高、西北低的特点。地面起伏较大，地形切割比较破碎，相对高度500～700 m。该地区大面积分布着白垩系砂泥岩，是贵州省内比较典型的侵蚀剥蚀红岩地形连续分布的地区，地貌类型以侵蚀剥蚀中山、低山为主，海拔多在500～1 200 m。

图2-1　赤水蕈树所属自然地理环境
Figure2-1 Natural geographical environment of *Altingia multinervis*

第二节
水文环境

赤水河及其支流(图2-2、图2-3)是赤水蕈树分布区自然环境的要素之一,地下水资源由于岩层的富水性加上森林茂密、日照少、蒸发量小、夜间凝结水较多等环境条件而较为丰富;区内地下水理化性质良好,水质优良,清澈透明,水温在13～16 ℃,随海拔的不同而略有变化。水质类型为HCO_3-Ca型,矿化度<100 mg/L,总硬度2.2~2.7德度(1德度=10 mg/L,以CaO计),属极软水。pH在6.90～7.05之间,为中性水。地下水未受污染,可作为生活饮用水和工农业用水。

图2-2　赤水蕈树所属水文环境1

Figure2-2 Hydrological environment of *Altingia multinervis* 1

图2-3　赤水蕈树所属水文环境2

Figure2-3 Hydrological environment of *Altingia multinervis* 2

第三节
气候特征

赤水蕈树分布地气候属中亚热带湿润季风气候，但由于自然环境条件特殊，该区域气候具有温度高、湿度大、降水丰沛、垂直差异大的特点（图2-4）。虽然分布区内纬度不高，但山高谷深，地形遮蔽度大，云雾雨日多，大大削弱了到达地面的总辐射，所以太阳辐射值较低，其中沟谷地带最低。

图2-4　赤水蕈树所属自然环境

Figure2-4 Natural environment of the *Altingia multinervis*

分布区的热量条件较好，尤其在海拔较低的沟谷地带，热量条件十分优越。根据热量带的划分标准，结合当地的生物指标，在海拔700 m以上的山地为中亚热带气候带，≥10 ℃活动积温为4 200 ~ 5 100 ℃，≥10 ℃天数200~230 d，最冷月（1月）均温2.0 ~ 5.0 ℃，极端最低温度在-9 ~ -2 ℃。植被是以壳斗科、樟科、山茶科、木兰科为主要成分的中亚热带湿润性常绿阔叶林为主。热量条件的垂直差异较为明显，其主要原因是局部地区的地势较低，地形闭塞。特殊的生态环境和良好的热量条件为赤水蕈树的正常生长、发育和繁衍创造了有利条件。

分布地平均年降水量为1 200 ~ 1 300 mm，在暖湿气流抬升的向风坡面，年降水量可超过1 500 mm，局部闭塞的峡谷地段，雾、露等形式的降水量也很可观。降水量以夏季最多，占全年降水量的44%，并分别于6月、8月出现峰值。而冬季降水量较少，其中1月降水量最少。保护区内不同坡度的降水量变化也很明显，一般情况下，在相同高度上是南坡多于北坡。由于区内植被茂密，降水充沛，坡形荫蔽，因而空气湿度大，年平均相对湿度达85% ~ 90%。

第四节
土壤特征

分布区内地层主要是白垩系上统夹关组和灌口组，前者为砖红、棕红和紫红色厚层块状长石石英砂岩与粉砂岩、泥岩互层，后者为砖红色细粒长石石英砂岩（图2-5）。其主要矿物有长石、石英、云母、角闪石、磷灰石、石榴石、燧石及少量的方解石，其主要化学成分是SiO_2、Al_2O_3、Fe_2O_3、CaO、MgO、Na_2O、K_2O等。由于土壤的发育深受地层与岩性的制约，故保护区的土壤主要为非地带性的紫色土。由于基岩的矿物和化学成分复杂，风化作用较快，成土过程较短，同时抗水土流失的能力弱，导致表土容易被剥蚀冲刷，新土不断裸露，故发育的紫色土常有幼年土之称。其剖面的发生层以及颜色分化不明显，颜色与基岩相近，土层薄且多夹有不等量的半风化母岩碎片，发生层次不全，并与基岩无明显分界。由于分布区内植被覆盖较多，水土流失较轻，因此在地形平缓处常可见到发育成熟的紫色土，其特点是土体较为深厚，土层可达50～100 cm，表土层少有或无母岩碎片。紫色土的土质砂性较重，质地为砂壤至中壤。

图2-5　赤水蕈树所属土壤环境
Figure2-5 Soil environment of *Altingia multinervis*

第三章 分布与资源量

珍稀濒危植物的地理分布是其重要的空间特征，植物在长期的进化过程中不断适应不同的气候条件，从而形成了多样的地理分布模式。植物种群空间分布格局，即植物种群在水平或垂直空间上的分布和配置状况。物种分布格局是物种与环境间长期作用的结果，不同物种对环境因子反应不同，表现出不同空间分布。研究物种地理分布的意义在于掌握物种资源动态变化特征，揭示其对环境条件的适应机制，有助于维持物种生存，及时制定有关保护措施，尤其针对珍稀濒危植物类群的地理分布研究，是后续开展系列科学研究的基础。现阶段，赤水蕈树到底有何分布特征？分布范围有多广？受威胁程度如何？热点分布区域有哪些？这些问题均不清楚。因此，本章旨在通过野外调查和资料分析，深入探讨赤水蕈树的分布与环境特征。

第一节
资源量概况

分布小区

（一）天台山分布点

【海拔】约810 m。

【面积】分布范围0.16 hm^2。

【资源数量】天然赤水蕈树153株。

【立地环境】土壤类型为红壤，基岩类型为红色砂页岩，坡位为下坡位，坡向为南坡。

【主要建群种】赤水蕈树。

【主要伴生种】杉木（*Cunninghamia lanceolata*）和毛竹（*Phyllostachys edulis*）。

【主要受威胁因素】幼苗更新困难、种群数量稀少。

【保护措施】①就地保护；②保护核心区；③保护野外种群。

【实景照片】

图3-1　天台山分布点（大场景照）
Figure3-1 Tiantai Mountain distribution point（large scene photo）

图3-2 天台山分布点(群落外貌照)
Figure3-2 Tiantai Mountain distribution point(community appearance photo)

图3-3 天台山分布点(林下环境照)
Figure3-3 Tiantai Mountain distribution point(understory environment photo)

图3-4 天台山分布点(赤水蕈树植株照)
Figure3-4 Tiantai Mountain distribution point (*Altingia multinervis* plant photo)

(二)磨岩分布点

【海拔】约777 m。

【面积】分布范围0.06 hm^2。

【资源数量】天然赤水蕈树66株。

【立地环境】土壤类型为红壤,基岩类型为红色砂页岩,坡位为中坡位,坡向为西南坡。

【主要建群种】赤水蕈树。

【主要伴生种】栲(*Castanopsis fargesii*)和苦木(*Picrasma quassioides*)。

【主要受威胁因素】幼苗更新困难、种群数量稀少。

【保护措施】①就地保护；②保护核心区；③保护野外种群。

【实景照片】

图3-5　磨岩分布点(大场景照)
Figure3-5 Moyan distribution point(large scene photo)

图3-6　磨岩分布点(林下环境照)
Figure3-6 Moyan distribution point(understory environment photo)

图3-7　磨岩分布点(赤水蕈树植株照)
Figure3-7 Moyan distribution point(*Altingia multinervis* plant photo)

（三）半水沟分布点

【海拔】约870 m。

【面积】分布范围0.85 hm^2。

【资源数量】天然赤水蕈树270株。

【立地环境】土壤类型为红壤，基岩类型为红色砂页岩，坡位为上坡位，坡向为西南坡。

【主要建群种】赤水蕈树。

【主要伴生种】栲和毛竹。

【主要受威胁因素】幼苗更新困难、种群数量稀少。

【保护措施】①就地保护；②保护核心区；③保护野外种群。

【实景照片】

图3-8　半水沟分布点（群落外貌照）

Figure3-8 Banshuigou distribution point（community appearance photo）

图 3-9　半水沟分布点(根部生境照)

Figure3-9 Banshuigou distribution point(root habitat photo)

图3-10 半水沟分布点(赤水蕈树植株照)
Figure3-10 Banshuigou distribution point(*Altingia multinervis* plant photo)

(四)中洞坪分布点

【海拔】约828 m。

【面积】分布范围0.33 hm²。

【资源数量】天然赤水蕈树179株。

【立地环境】土壤类型为红壤,基岩类型为红色砂页岩,坡位为中坡位,坡向为西北坡。

【主要建群种】赤水蕈树。

【主要伴生种】四川大头茶(*Polyspora speciosa*)、甜槠(*Castanopsis eyrei*)、南酸枣(*Choerospondias axillaris*)、枫香树(*Liquidambar formosana*)、木姜子(*Litsea pungens*)和毛竹。

【主要受威胁因素】幼苗更新困难、种群数量稀少。

【保护措施】①就地保护;②保护核心区;③保护野外种群。

【实景照片】

图 3-11　中洞坪分布点(大场景照)
Figure3-11 Zhongdongping distribution point(large scene photo)

图 3-12　中洞坪分布点(群落外貌照)
Figure3-12 Zhongdongping distribution point(community appearance photo)

图3-13　中洞坪分布点(林下环境照)
Figure3-13 Zhongdongping distribution point(understory environment photo)

图3-14　中洞坪分布点(赤水蕈树植株照)
Figure3-14 Zhongdongping distribution point(*Altingia multinervis* plant photo)

(五)莲花台分布点

【海拔】约876 m。

【面积】分布范围0.46 hm^2。

【资源数量】天然赤水蕈树439株。

【立地环境】土壤类型为红壤,基岩类型为红色砂页岩,坡位为上坡位,坡向为南坡。

【主要建群种】赤水蕈树。

【主要伴生种】栲、甜槠和毛竹。

【主要受威胁因素】幼苗更新困难、种群数量稀少。

【保护措施】①就地保护;②保护核心区;③保护野外种群。

【实景照片】

图 3-15　莲花台分布点(大场景照)
Figure3-15 Lianhuatai distribution point(large scene photo)

图 3-16　莲花台分布点(群落外貌照)
Figure3-16 Lianhuatai distribution point(community appearance photo)

图 3-17 莲花台分布点(赤水蕈树植株照)
Figure3-17 Lianhuatai distribution point(*Altingia multinervis* plant photo)

(六)登子垒分布点

【海拔】约 842 m。

【面积】分布范围 0.45 hm^2。

【资源数量】天然赤水蕈树 185 株。

【立地环境】土壤类型为红壤,基岩类型为红色砂页岩,坡位为中坡位,坡向为西北坡。

【主要建群种】赤水蕈树。

【主要伴生种】栲、毛竹、西南红山茶(*Camellia pitardii*)、齿缘吊钟花(*Enkianthus serrulatus*)。

【主要受威胁因素】幼苗更新困难、种群数量稀少。

【保护措施】①就地保护;②保护核心区;③保护野外种群。

【实景照片】

图3-18 登子垒分布点(群落外貌照)
Figure3-18 Dengzilei distribution point(community appearance photo)

图3-19 登子垒分布点(林下环境照)
Figure3-19 Dengzilei distribution point(understory environment photo)

图 3-20　登子垒分布点（赤水蕈树植株照）

Figure3-20 Dengzilei distribution point（*Altingia multinervis* plant photo）

（七）尖山分布点

【海拔】约868 m。

【面积】分布范围0.07 hm^2。

【资源数量】天然赤水蕈树114株。

【立地环境】土壤类型为红壤，基岩类型为红色砂页岩，坡位为下坡位，坡向为北坡。

【主要建群种】赤水蕈树。

【主要伴生种】栲和毛竹。

【主要受威胁因素】幼苗更新困难、种群数量稀少。

【保护措施】①就地保护；②保护核心区；③保护野外种群。

【实景照片】

图3-21　尖山分布点（大场景照）

Figure3-21 Jianshan distribution point（large scene photo）

图3-22　尖山分布点(群落外貌照)
Figure3-22 Jianshan distribution point(community appearance photo)

图3-23　尖山分布点(林下环境照)
Figure3-23 Jianshan distribution point(understory environment photo)

（八）包家沟分布点

【海拔】约667 m。

【面积】分布范围0.13 hm^2。

【资源数量】天然赤水蕈树67株。

【立地环境】土壤类型为红壤，基岩类型为红色砂页岩，坡位为下坡位，坡向为东北坡。

【主要建群种】赤水蕈树。

【主要伴生种】栲。

【主要受威胁因素】幼苗更新困难、种群数量稀少。

【保护措施】①就地保护；②保护核心区；③保护野外种群。

【实景照片】

图3-24　包家沟分布点（大场景照）
Figure3-24 Baojiagou distribution point（large scene photo）

图3-25　包家沟分布点(群落外貌照)
Figure3-25 Baojiagou distribution point(community appearance photo)

图3-26　包家沟分布点(林下环境照)
Figure3-26 Baojiagou distribution point(understory environment photo)

图3-27　包家沟分布点(赤水蕈树植株照)
Figure3-27 Baojiagou distribution point(*Altingia multinervis* plant photo)

(九)红石梁分布点

【海拔】约920 m。

【面积】分布范围0.15 hm²。

【资源数量】天然赤水蕈树153株。

【立地环境】土壤类型为红壤,基岩类型为红色砂页岩,坡位为下坡位,坡向为北坡。

【主要建群种】赤水蕈树。

【主要伴生种】青榨槭(*Acer davidii*)和毛竹。

【主要受威胁因素】幼苗更新困难、种群数量稀少。

【保护措施】①就地保护;②保护核心区;③保护野外种群。

【实景照片】

图3-28　红石梁分布点(大场景照)

Figure3-28 Hongshiliang distribution point(large scene photo)

图3-29　红石梁分布点(赤水蕈树植株照)

Figure3-29 Hongshiliang distribution point(*Altingia multinervis* plant photo)

（十）上磨子园分布点

【海拔】约885 m。

【面积】分布范围0.67 hm^2。

【资源数量】天然赤水蕈树391株。

【立地环境】土壤类型为红壤，基岩类型为红色砂页岩，坡位为上坡位，坡向为东北坡。

【主要建群种】赤水蕈树。

【主要伴生种】黄杞（*Engelhardia roxburghiana*）、喜树（*Camptotheca acuminata*）、枫香树和栲。

【主要受威胁因素】幼苗更新困难、种群数量稀少。

【保护措施】①就地保护；②保护核心区；③保护野外种群。

【实景照片】

图3-30　上磨子园分布点（大场景照）
Figure3-30 Shangmoziyuan distribution point（large scene photo）

图 3-31　上磨子园分布点(群落外貌照)
Figure3-31 Shangmoziyuan distribution point(community appearance photo)

图 3-32　上磨子园分布点(林下环境照)
Figure3-32 Shangmoziyuan distribution point(understory environment photo)

图 3-33　上磨子园分布点(根部生境照)

Figure3-33 Shangmoziyuan distribution point(root habitat photo)

图 3-34　上磨子园分布点(赤水蕈树植株照)

Figure3-34 Shangmoziyuan distribution point(*Altingia multinervis* plant photo)

第二节
地理空间分布

一、水平分布格局

调查发现赤水蕈树在地理位置上呈岛屿状不连续水平分布，主要分布在东经105°40′～106°10′，北纬28°23′～28°37′的区域内，分布范围位于中亚热带湿润季风气候区域（图3-35）。其中，元厚镇的居群最多（4个），最北端分布点位于官渡镇红石梁居群，最南端的分布点是元厚镇的登子垒居群，最西端的分布点是天台镇的天台山居群，而最东部的分布点则是位于石堡乡的上磨子园居群；通过核密度分析发现，赤水蕈树分布热点区域主要集中在元厚镇、葫市镇、石堡乡、天台镇和官渡镇等地；

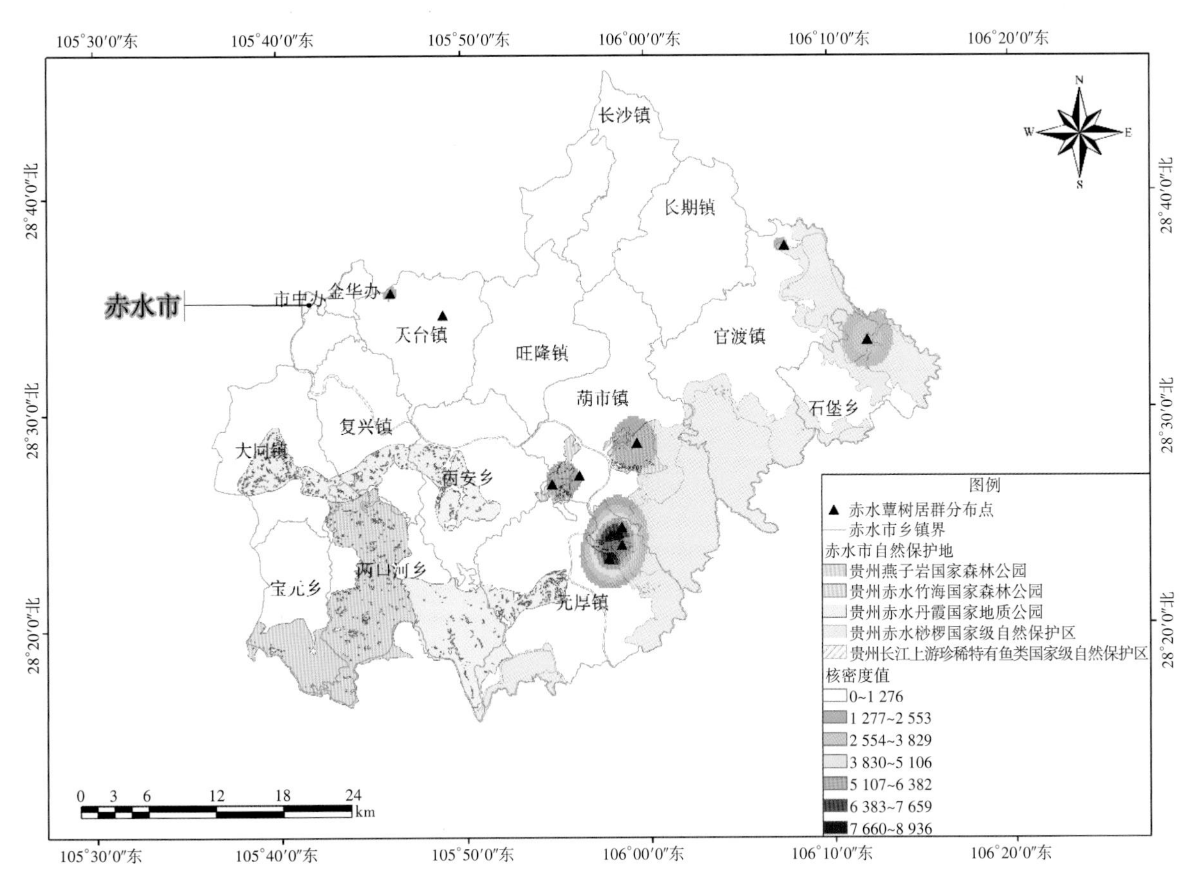

图3-35 分布热点区域与保护现状

Figure3-35 Distribution of hotspots and protection status

将分布热点区域与研究区域内保护地分布范围进行叠加可知，赤水蕈树分布的主要热点区在赤水桫椤国家级自然保护区和贵州赤水竹海国家森林公园内，值得注意的是，位于天台镇的居群并未被纳入自然保护区内，保护空缺较大。

二、垂直分布格局

赤水蕈树的垂直分布情况如图3-36，赤水蕈树垂直分布范围较窄，仅在海拔667~993 m的范围内分布，其中包家沟居群海拔最低(667 m)，上磨子园居群海拔最高(993 m)，整体呈现随着海拔增加，其种群分布逐渐增多，表现出分布海拔高差小、海拔高的特点。

三、分布环境特征

(一)分布生境特征

不同居群赤水蕈树植被类型不同，主要有常绿阔叶林、针阔混交林和竹林，这些居群均位于丹霞地貌区域，土壤类型为红壤，岩石裸露率在10%~30%之间。其中天台山居群由于遭受过火灾，岩石

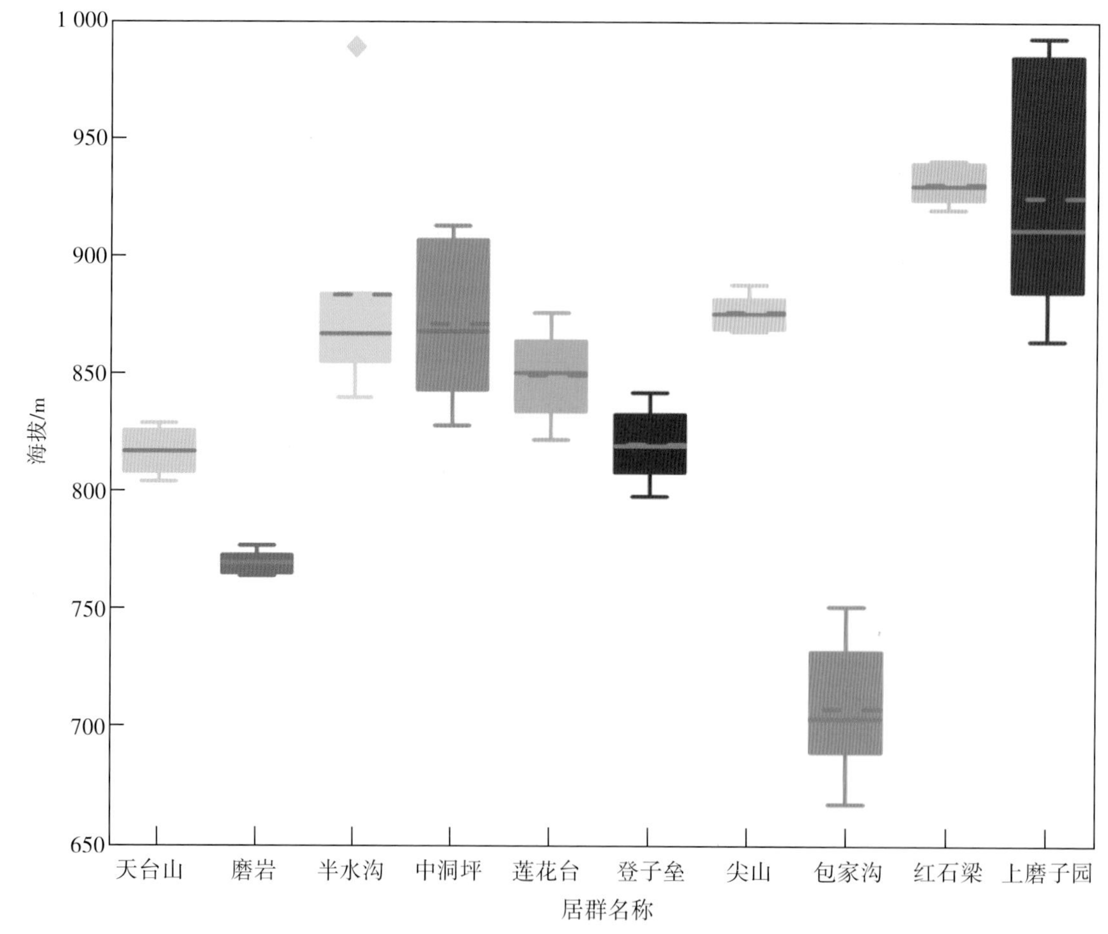

图3-36　调查地垂直分布图

Figure3-36 The vertical distribution in the survey area

裸露率最高。赤水蕈树各居群伴生种主要有枫香树(*Liquidambar formosana*)、栲(*Castanopsis fargesii*)、四川大头茶(*Polyspora speciosa*)、多脉青冈(*Quercus multinervis*)、网脉山龙眼(*Helicia reticulata*)、杉木(*Cunninghamia lanceolata*)、黄杞(*Engelhardia roxburghiana*)、木姜子(*Litsea pungens*)、南酸枣(*Choerospondias axillaris*)、甜槠(*Castanopsis eyrei*)、桂南木莲(*Manglietia conifera*)、毛竹(*Phyllostachys edulis*)、臭椿(*Ailanthus altissima*)、青榨槭(*Acer davidii*)、硬壳柯(*Lithocarpus hancei*)、喜树(*Camptotheca acuminata*)、西南红山茶(*Camellia pitardii*)、齿缘吊钟花(*Enkianthus serrulatus*)和日本杜英(*Elaeocarpus japonicus*)等(表3-1)。

表3-1　10个居群分布环境特征

Table3-1 Distribution environmental characteristics of 10 populations

居群	植被类型	土壤类型	地貌类型	岩石裸露率/%	伴生种
天台山	常绿阔叶林	红壤	丹霞	30	多脉青冈、栲、网脉山龙眼
磨岩	针阔混交林	红壤	丹霞	10	杉木
半水沟	常绿阔叶林	红壤	丹霞	15	栲、黄杞、木姜子
中洞坪	常绿阔叶林	红壤	丹霞	20	枫香树、四川大头茶、南酸枣
莲花台	常绿阔叶林	红壤	丹霞	15	甜槠、桂南木莲、网脉山龙眼
登子垒	竹林	红壤	丹霞	20	毛竹、西南红山茶、齿缘吊钟花
尖山	竹林	红壤	丹霞	20	毛竹、栲、黄杞
包家沟	常绿阔叶林	红壤	丹霞	25	栲、臭椿、网脉山龙眼
红石梁	竹林	红壤	丹霞	20	毛竹、青榨槭、栲
上磨子园	常绿阔叶林	红壤	丹霞	15	硬壳柯、喜树、日本杜英

(二)受威胁状况

调查结果表明,赤水蕈树虽常见于陡峭山坡,但其生长与生存受到多种因素的威胁。在10个居群中,受人为因素干扰的居群数量达5个,占总居群数的50%。受自然因素影响的居群有2个,占总分布数的20%。同时,还有2个居群受到自然因素与人为因素共同干扰。唯有一个居群未发现有明显威胁因素(图3-37A)。强度威胁分析显示,有3个居群受到强度威胁,占总数的30%;轻微干扰的居群有2个,占总数的20%;而受到中度干扰的居群最多,共有4个,占到总数的40%(图3-37B)。

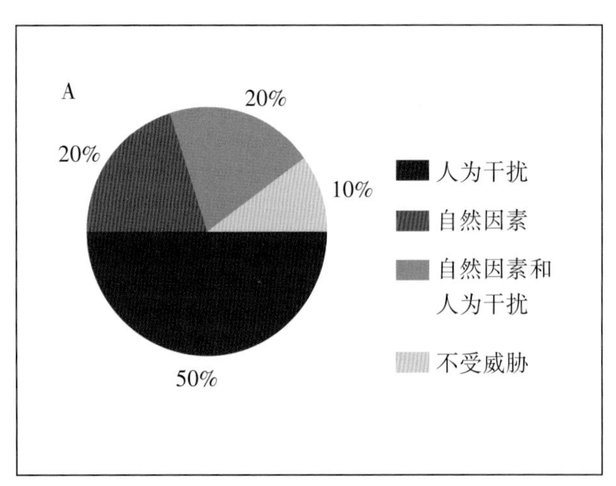

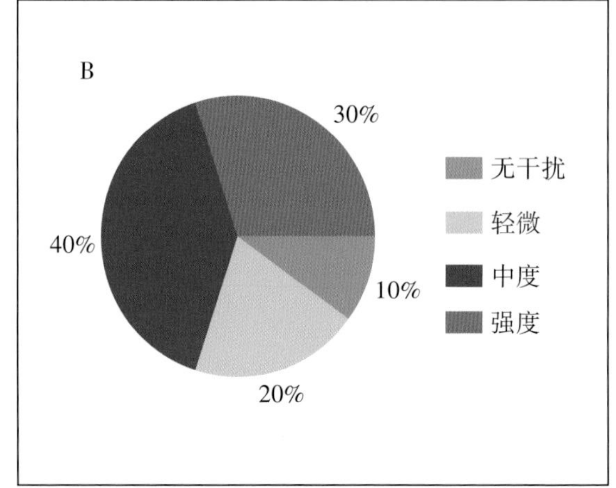

图3-37　受威胁因素及强度

Figure3-37 Threatened factors and intensity

第三节

潜在分布

MaxEnt模型刀切法检验结果如图3-38，仅使用单一环境变量时，通过对正规化训练增益值、训练增益值和受试者工作特征曲线面积的综合分析，发现平均气温日较差(Bio2)、年降水量(Bio12)对预测模型影响最为显著。如表3-2所示，对赤水蕈树气候因子贡献率大小进行排序后发现，平均气温日较差(Bio2)对模型预测赤水蕈树的适生区贡献率最大，其贡献率为71.6%，其次是最湿月降水量(Bio13)、坡度(pd)和年降水量(Bio12)，四者贡献率总和超过90%，表明它们是影响赤水蕈树适生区的主要因子，其中平均气温日较差(Bio2)为关键因子，主导着赤水蕈树的地理分布。

环境因子的响应曲线可判断物种生长的环境变量的适宜区间，即环境因子存在概率大于0.5的区间。由图3-39可知，平均气温日较差(Bio2)[①]在4.4 ~ 6.3 ℃时，赤水蕈树的存在概率均大于0.5，这个温度段为赤水蕈树生长的最适区间。最湿月降水量(Bio13)最适区间为150 ~ 205 mm。适宜赤水蕈树生长的年降水量(Bio12)范围为980 ~ 1 170 mm。年降水量(Bio12)为700 mm时，赤水蕈树存在概率上升明显，1 100 mm时，达到最大存在概率0.64。适宜赤水蕈树生存的坡度(pd)范围为6° ~ 35°，坡度在35°时，赤水蕈树的存在概率最大，约为0.92。

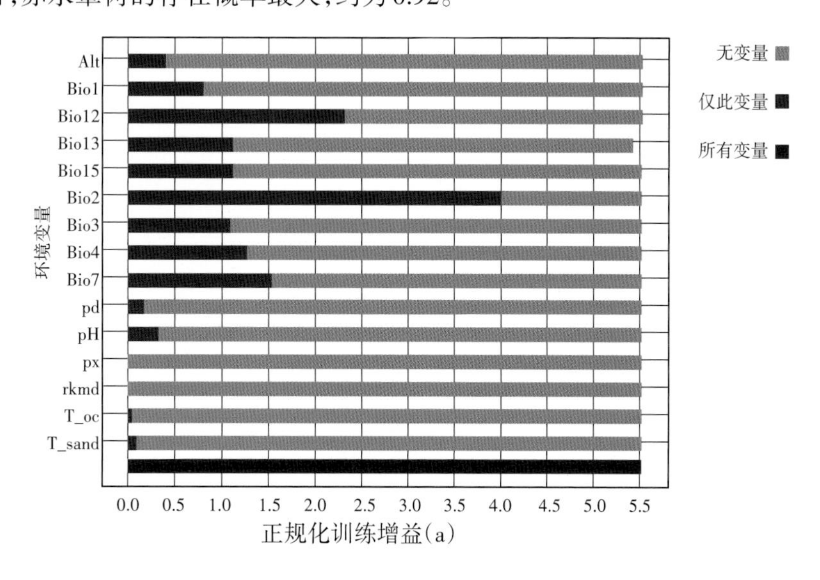

正规化训练增益(a)

①因本书因子较多且复杂，为方便读者阅读和分析，反复表示了因子的中文意思及其英文简写。

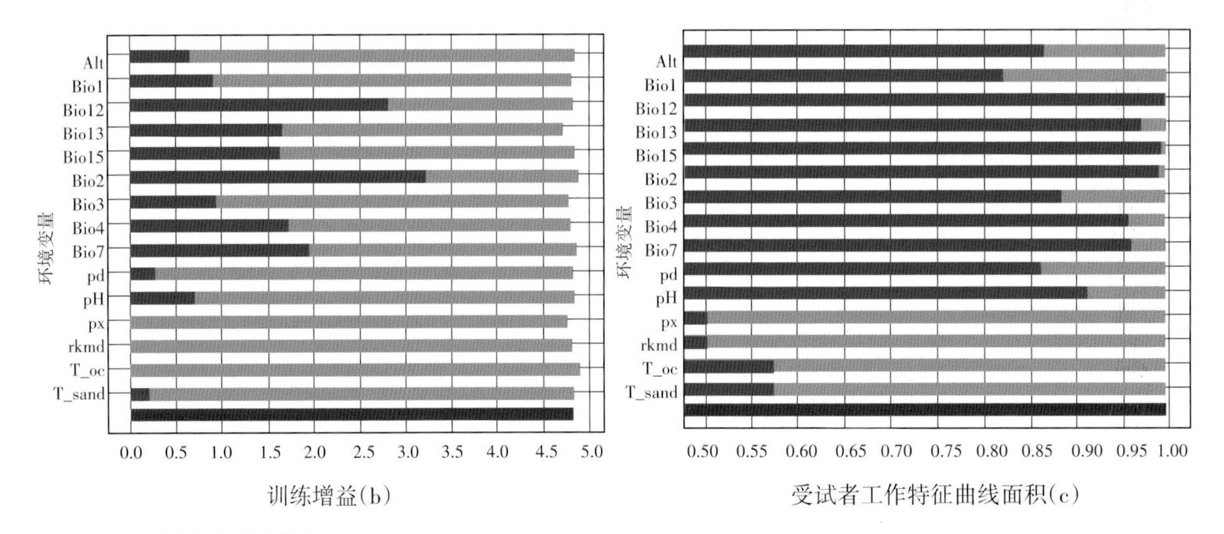

图3-38 预测变量增益值[①]

Figure3-38 Predictive variable gain value

表3-2 主要气候因子贡献率及重要值

Table3-2 Contribution rate and important value of main climatic factors

变量名	贡献率/%	置换重要值	变量名	贡献率/%	置换重要值
Bio2	71.6	10.5	Alt	0.5	0
Bio13	15.6	20.1	Bio3	0.5	16.9
pd	3.0	0	T_oc	0.4	0.1
Bio12	2.9	0	rkmd	0.1	0
Bio4	1.9	12.2	px	0	0
T_sand	1.9	0	pH	0	0
Bio7	1.6	40.2	Bio15	0	0

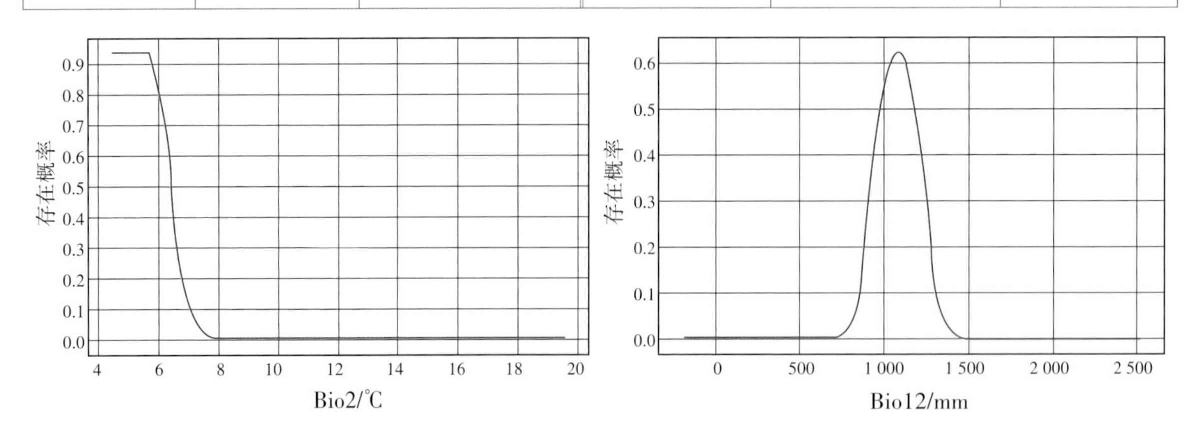

①注：Alt，海拔；Bio1，年平均气温；Bio12，年降水量；Bio13，最湿月降水量；Bio15，降水量季节性变化；Bio2，平均气温日较差；Bio3，等温性；Bio4，气温季节性变动系数；Bio7，气温年较差；pd，坡度；px，坡向；rkmd，人口密度；T_oc，有机碳含量；T_sand，土壤沙含量。

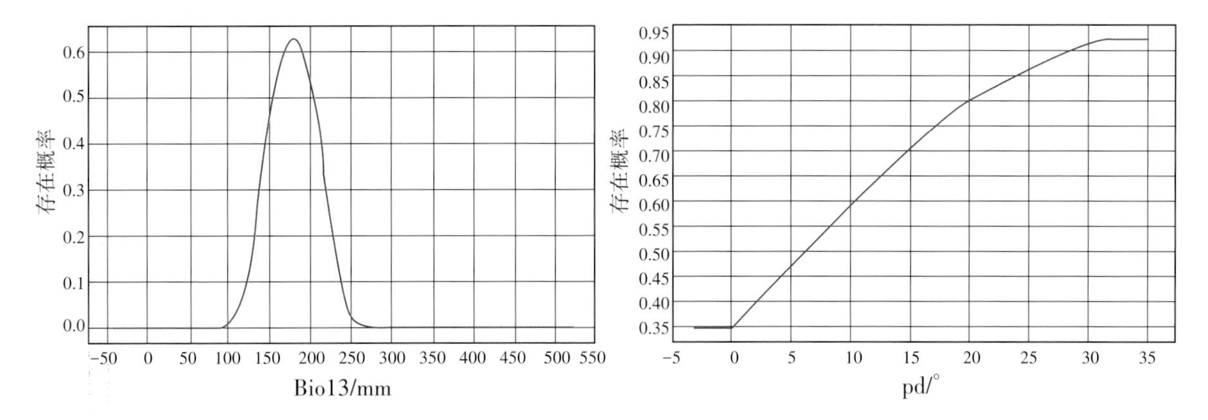

图3-39 主要气候因子的响应曲线
Figure3-39 Response curves of main climatic factors

赤水蕈树的适生区主要集中在我国西南部，总适生区面积为49 165 km²。其中，高适生区面积为7 968 km²，主要位于贵州赤水市和四川泸州市，重庆市及四川宜宾市有少量高适生区。中适生区面积为12 569 km²，集中在贵州赤水市、重庆西南部、四川泸州北部和宜宾东部。低适生区面积为28 628 km²，相对于其他等级的适生区，低适生区分布较广，主要分布在重庆西南部、贵州北部和四川东南部，云南北部也有少量低适生区。综合来看赤水蕈树适生区范围较窄，主要集中在贵州、重庆和四川交界处。

通过ArcGIS 10.6将适生区与全国保护区进行叠加，计算重叠部分面积，得出位于保护区内的适生区面积（表3-3）。其中，低适生区面积有677 km²受到保护，占低适生区总面积的2.36%，中适生区面积有2 118 km²受到保护，占中适生区面积的16.85%，高适生区面积有104 km²受到保护，占高适生区面积的1.31%，可见，赤水蕈树适生区位于保护区内的比例较低，存在较大的保护空缺区域。具体而言，贵州省境内的保护空缺区域集中在遵义赤水的大同镇、复兴镇、丙安镇、长期镇及长沙镇等地区，四川境内则集中在泸州市相关区域，以及宜宾市的长宁县、兴文县、珙县等地，重庆集中在荣昌区、永川区、南川区及大足区等区域。

表3-3 适生区面积及保护率
Table3-3 Suitable area and protection rate

适生区等级	面积/km²	保护区内面积/km²	保护率/%
非适生区	9 354 149	781	—
低适生区	28 628	677	2.36
中适生区	12 569	2 118	16.85
高适生区	7 968	104	1.31

第四节

分布与资源量小结

植物地理分布特征作为反映植物生存现状的基础信息，是进行资源评估和保护评估的必备条件。赤水蕈树作为国家二级保护野生植物，因其具有显著的经济价值和药用价值而备受瞩目，但同时，这种关注也给它带来了较大的威胁。至今，对于赤水蕈树的资源现状尚未进行全面系统的调查，导致对该植物资源的整体了解严重不足。

本章节以10个赤水蕈树居群为基础，较为全面地调查了赤水蕈树的资源分布状况，分析了该种的生存现状。本章节调查研究区是我国典型的丹霞地貌分布区，生境复杂多样，雨热充沛。本研究明确了赤水蕈树植株总数共2 017株，实地调查发现赤水蕈树种群分布区都是位于山坡中上部，整体呈现出植株数量分布不均匀的特点。调查发现包家沟和磨岩居群植株数量均小于100株，分布点随时面临消失的风险。赤水蕈树垂直分布范围较狭窄，分布海拔在667 m到993 m之间，其中最低海拔的居群位于元厚镇包家沟，赤水蕈树居群整体表现出分布海拔高差小、海拔高的特点，可推测赤水蕈树可能在地形适应性方面表现较弱，或者说其扩散能力相对有限，然而，这些仅为初步推测，尚需通过深入研究来进一步确认。从水平分布分析可知，赤水蕈树分布范围在中亚热带湿润季风气候区域内，其地理分布密集区域在赤水市元厚镇和葫市镇交界处，这与赤水蕈树为贵州特有分布种的性质吻合。

海拔是导致山地水热与土壤养分异质性的关键因素，海拔的变化影响了光照条件、降水量以及土壤资源的再分配，从而对物种的分布和结构产生影响。一般山地降雨量会随海拔变化，低海拔地区的降雨量一般较少，植物生长会受到降水不足的限制，而海拔较高区域往往温度较低，植物会受到低温胁迫影响。中海拔区域的植物多样性往往较高，支持“中间高度膨胀”理论。本研究中赤水蕈树主要分布在海拔800～900 m范围内，目的物种分布数量随海拔呈现“中间高两头低”的变化趋势，与前人研究结果一致，也符合“中间高度膨胀”理论。植物地理分布是环境因子综合作用的结果，尽管海拔通过影响温度和降水，从而对植物的生长和分布起主导作用，但二者的作用在不同物种间有较大差异。对云南干热河谷适生树种适生区的预测发现，温度因子对潜在适生树种的影响明显大于降水、土壤和海拔等相关变量。四合木潜在地理分布研究中，降水因子对其分布的影响高于其他因子。本研究中，平均气温日较差（Bio2）贡献率为71.6%，是影响赤水蕈树潜在分布的关键因子，当平均气温日较差在4.4～5.8 ℃时，赤水蕈树存在概率比较高，超过5.8 ℃后，赤水蕈树存在概率急速下降直至为零，说明赤水蕈树适宜生长在平均气温日较差较小的区域，这可能是由于气温日较差过大，会使蒸发量比降水量大得多，造成水分经常处于亏空状态，严重限制植物生长发育。

潜在分布结果表明，赤水蕈树的潜在分布区面积较小，总适生区面积为49 165 km^2。赤水蕈树最适分布区集中在赤水市，除此之外，在贵州、重庆与四川交界处也有分布，该结论与前人对赤水蕈树分布区的研究一致。但物种的实际分布不仅与气候、地形、土壤及人为干扰有关，还受种间竞争和物种扩散等因素的制约。物种地理分布区实际面积未必能达到模型模拟预测面积。袁守良等研究发现赤水蕈树部分原有分布区现已全部分布楠竹林和杉树林。进一步将潜在分布区与保护地进行叠加分析，发现存在保护空缺，赤水蕈树潜在分布区位于保护地内的比例较小，其中，低适生区仅有2.36%在保护地内，中适生区仅有16.85%，高适生区仅有1.31%，说明赤水蕈树目前存在较大保护空缺，加之全球气候变暖将加剧赤水蕈树资源的遗失，为保护这一珍稀树种，建议在后续保护地的规划调整时重视未受到保护的区域，通过评估赤水蕈树价值与分布情况，将赤水蕈树高度适生区，即贵州赤水市、重庆、四川泸州和宜宾等现有核心适生分布区规划进保护区内或者建立保护小区。这是因为，建立自然保护区、完善自然保护地体系是保护珍稀濒危植物的最佳途径。

第四章

群落组成与结构特征

植物群落是指在一定时空范围内，受到扩散限制和环境条件的制约，各类植物群体经历一段时间的发展演替，相互作用形成的生物聚集体。物种间的相互作用被认为是构建群落模式的基本驱动力，尤其是在主要环境梯度上。群落特征是研究群落的基础，其变化直接或间接影响群落健康，同时，群落健康变化也会使群落数量特征发生变化。研究群落内物种生态位，有助于分析种间关系以及物种对资源的利用程度与生境适应性，是分析珍稀濒危植物在群落的生态地位及生存现状的主要手段。

群落中的植物不是孤立存在的，它们彼此依存、相互影响，使得物种间以及物种与环境之间有着密切的相互作用关系。种间关联能够定性和定量估计不同物种在空间分布上的相互作用关系，其关系可包括正联结、负联结与无联结。正联结往往出现在具有相似生态特性和环境需求的物种之间，通常表现为互利共生和协同进化，这对维持群落内的物种多样性和提高生态系统服务功能至关重要。相反，负联结的物种在不同的生境需求以及资源缺乏的条件下，会形成种间竞争与排异。无联结的物种之间通常表现为相互独立的状态。近年来，已从以二元数据为主转向采用定量数据研究分析群落内不同物种间的生态位与种间联结特征，这有助于阐释种群在群落中的地位和作用，理解群落的形成、发展、演替过程，以及局域群落物种共存原因。

第一节
物种多样性

在赤水蕈树群落样地调查到的260种维管植物，隶属于90科169属。34个样地乔木植物物种多样性变化趋势如图4-1所示，Margalef丰富度指数、Simpson指数、Pielou均匀度指数及Shannon-Wiener(后也称Shannon)多样性指数变化趋势基本一致。研究结果显示，Margalef丰富度指数范围在0.501至4.472之间，Simpson多样性指数范围在0.178至0.895之间，Shannon-Wiener多样性指数范围在0.406至2.428之间，Pielou均匀度指数范围在0.293至0.860之间。34个样地中Y17的Margalef丰富度指数值最高，Y21的Pielou均匀度指数值最高，Y6的Shannon-Wiener多样性指数值最高，说明Y6的物种多样性程度最高，Y21中的物种分布均匀。Y10的Margalef丰富度指数值最低，说明Y10的种类丰富度最低。Y13的Simpson指数值最低，说明Y13的群落多样性较高。

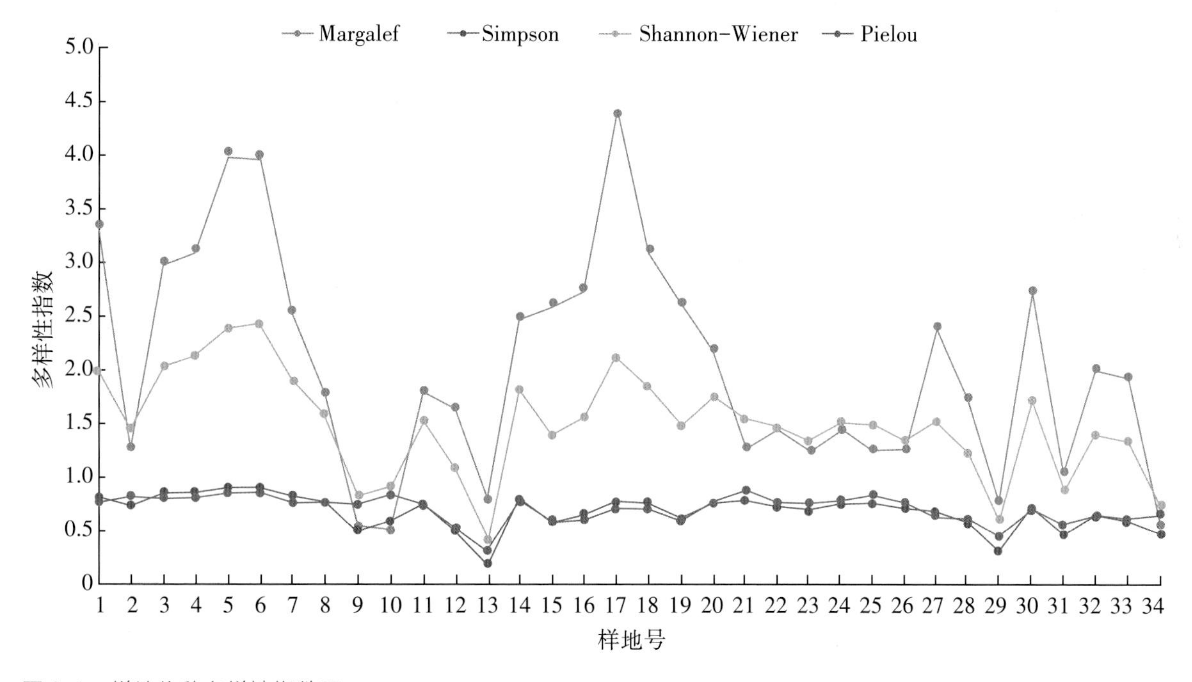

图4-1　样地物种多样性指数图

Figure4-1 Species diversity index diagram of sample plot

第二节
生态位特征

由表4–1可知，赤水蕈树的重要值最大，占比为33.95%，其次是毛竹（*Phyllostachys edulis*）、栲（*Castanopsis fargesii*）和甜槠（*Castanopsis eyrei*），分别为11.70%、10.03%和7.86%，化香树（*Platycarya strobilacea*）的重要值最小。赤水蕈树群落中，乔木层优势种的生态位宽度变化较大，B_L指数范围为2.38至25.34，B_S指数范围为1.08至3.35。赤水蕈树的生态位宽度值最大，其B_S指数和B_L指数分别为3.35和25.34，说明赤水蕈树对该生境具有较强的适应性。栲、毛竹、黄杞、四川大头茶等生态位宽度也较大，对群落资源具有较强的竞争力，是赤水蕈树群落中的优势种。

表4–1　乔木层优势树种重要值及生态位宽度

Table4-1 Importance values and niche widths of dominant tree species in the arbor layer

序号	物种名	拉丁学名	重要值/%	生态位宽度	
				B_S	B_L
1	赤水蕈树	*Altingia multinervis*	33.95	3.35	25.34
2	毛竹	*Phyllostachys edulis*	11.70	3.10	18.62
3	栲	*Castanopsis fargesii*	10.03	2.98	17.05
4	甜槠	*Castanopsis eyrei*	7.86	2.30	7.23
5	四川大头茶	*Polyspora speciosa*	3.59	2.35	8.86
6	黄杞	*Engelhardia roxburghiana*	2.81	2.51	8.27
7	木姜子	*Litsea pungens*	2.14	2.29	7.26
8	枫香树	*Liquidambar formosana*	1.83	1.75	4.77
9	南酸枣	*Choerospondias axillaris*	1.77	2.11	7.54
10	网脉山龙眼	*Helicia reticulata*	1.36	1.99	6.21
11	马银花	*Betula luminifera*	1.24	2.01	6.10
12	喜树	*Camptotheca acuminata*	0.97	1.37	3.25
13	乌柿	*Diospyros cathayensis*	0.88	1.20	2.47
14	杨梅	*Morella rubra*	0.81	1.47	3.85

续表

序号	物种名	拉丁学名	重要值/%	生态位宽度	
				B_S	B_L
15	茜树	*Aidia cochinchinensis*	0.81	1.47	3.90
16	杜英	*Elaeocarpus decipiens*	0.72	1.48	3.77
17	华山松	*Pinus armandi*	0.68	1.08	2.91
18	香皮树	*Meliosma fordii*	0.65	1.28	3.27
19	野桐	*Mallotus tenuifolius*	0.64	1.09	2.38
20	化香树	*Platycarya strobilacea*	0.61	1.24	3.00

生态位重叠值O_{ik}为[0,1],重叠值越大说明两者生态位重叠指数越高。由表4-2可知,O_{ik}值介于0～0.86。190组种对中存在生态位重叠的有174组种对(O_{ik}>0),占比为91.6%,无明显生态位重叠的种对有16组,占比为8.4%。存在生态位重叠的种对中,O_{ik}≤0.5的有156个种对,占总种对数的82.1%;O_{ik}>0.5的有18个种对,占总种对数的9.5%。华山松与喜树的生态位重叠值最大,其值为0.86,表明两者对资源利用的相似度很高,可能存在较为激烈的竞争。赤水蕈树与其他物种组成的19个种对中,有2对的O_{ik}≥0.5,分别为赤水蕈树-毛竹(0.67)和赤水蕈树-栲(0.61)。整体上赤水蕈树群落优势种间的生态位重叠度较低,赤水蕈树与毛竹、栲有较高的生态位重叠。

表 4-2　主要树种 Pianka 生态位重叠指数

Table4-2 Pianka niche overlap index of main tree species

序号	1	2	3	4	5	6	7	8	9	10	11	12	13	14	15	16	17	18	19
2	0.67																		
3	0.61	0.46																	
4	0.38	0.42	0.22																
5	0.41	0.42	0.26	0.17															
6	0.33	0.25	0.26	0.35	0.30														
7	0.36	0.25	0.07	0.20	0.15	0.35													
8	0.34	0.10	0.13	0.14	0.40	0.53	0.10												
9	0.38	0.17	0.09	0.25	0.53	0.47	0.26	0.33											
10	0.33	0.18	0.07	0.22	0.33	0.30	0.39	0.19	0.35										
11	0.43	0.23	0.11	0.14	0.37	0.37	0.60	0.19	0.30	0.60									
12	0.39	0.19	0.09	0.06	0.29	0.00	0.01	0.06	0.62	0.10	0.07								
13	0.26	0.08	0.01	0.04	0.12	0.12	0.56	0.21	0.12	0.65	0.73	0.20							
14	0.35	0.28	0.19	0.16	0.28	0.09	0.02	0.14	0.23	0.07	0.18	0.44	0.04						
15	0.38	0.11	0.70	0.12	0.24	0.44	0.07	0.11	0.21	0.21	0.28	0.04	0.00	0.18					
16	0.27	0.50	0.12	0.24	0.25	0.00	0.08	0.00	0.27	0.10	0.13	0.24	0.06	0.00	0.00				
17	0.38	0.20	0.11	0.00	0.23	0.00	0.01	0.26	0.50	0.08	0.00	0.86	0.22	0.59	0.00	0.18			
18	0.32	0.05	0.15	0.15	0.09	0.51	0.02	0.50	0.41	0.12	0.16	0.22	0.05	0.05	0.14	0.07	0.17		
19	0.23	0.09	0.06	0.08	0.26	0.13	0.02	0.16	0.12	0.27	0.07	0.00	0.02	0.00	0.22	0.00	0.00	0.00	
20	0.23	0.04	0.09	0.21	0.10	0.57	0.03	0.55	0.51	0.14	0.09	0.31	0.06	0.06	0.16	0.08	0.18	0.82	0.00

第三节 关联性分析

一、总体联结性

根据20×34的物种-样地二元数据矩阵，计算调查样地内赤水蕈树群落优势种的总体联结性。根据表4-3可知，赤水蕈树群落总体联结性的方差比率R_V值为2.43，$R_V>1$，表明这20个优势种的总体联结性为正联结。采用统计量W来验证R_V偏离1的程度，W值为82.74，根据卡方检验临界值表可知$82.74>\chi^2_{0.05}(34)$，因此，赤水蕈树群落乔木层20个优势种的总体联结性呈现显著正关联，表明赤水蕈树群落乔木层目前处于相对稳定的状态。

表4-3　乔木层优势种总体关联性

Table4-3 Overall correlation of dominant species in the arbor layer

方差比率(R_V)	统计量(W)	($\chi^2_{0.95}$,$\chi^2_{0.05}$)	检验结果
2.43	82.738 8	(21.664,48.602)	显著正关联

二、种间联结性

乔木层种对间χ^2检验如表4-4。赤水蕈树群落190个乔木种对中，有115个呈现正关联，占据总种对数的60.5%；而负关联种对数有54个，占总种对的28.4%；无关联的种对数有21个，占总种对数的11.1%。其中四川大头茶-枫香树、南酸枣-化香树、华山松-喜树、香皮树-化香树4个种对呈现极显著正关联关系，表明彼此的存在有利于另一方，或者说彼此的生态习性更加一致。毛竹与华山松、楞、喜树3个种对呈极显著负关联，毛竹与杨梅呈显著负关联，说明它们对生境要求存在一定的差异性。有182个种对表现为无关联或不显著关联，占比为95.8%，物种间分布呈现相对独立性。

表4-4　乔木层主要树种χ^2统计量检验

Table4-4 χ^2 statistic test of main tree species in tree layer

序号	1	2	3	4	5	6	7	8	9	10	11	12	13	14	15	16	17	18	19
2	0																		
3	0	8.01																	
4	0	0.60	0.94																
5	0	1.68	1.99	2.50															
6	0	0.03	0.12	0.30	0.68														
7	0	0	0	1.59	0.77	0.23													
8	0	0.13	0.16	0.14	1.44	6.94	2.73												
9	0	0.12	0.60	0.04	0	0.03	0.14	0.12											
10	0	2.20	0.60	0.04	0	0.03	0.14	0.12	0.97										
11	0	0.12	0	0.04	2.71	0.39	1.33	1.60	0.97	0.01									
12	0	0.14	0	14.29	0.34	2.35	0.08	0.14	1.67	0.04	0.04								
13	0	0.60	0.94	1.09	0.17	0.19	0.08	0.14	0.04	1.67	0.04	1.09							
14	0	0.14	0.94	5.82	0.34	0.30	0.08	0.14	0.04	0.04	0.04	5.82	0.10						
15	0	0.14	0.94	1.09	2.50	0.19	0.08	0.14	0.04	0.04	1.67	0.10	0.10	1.09					
16	0	0.60	0	0.10	0.34	2.35	0.47	0.60	1.67	0.04	0.04	0.10	0.10	0.10	0.10				
17	0	0.09	0	12.35	0.19	0.82	0.05	0.09	0.94	0.16	0.16	12.35	3.27	3.27	0.01	0.01			
18	0	0.31	0.28	0.02	0	0.03	0.62	0.49	3.02	0.28	0.28	0.02	0.02	0.02	0.02	0.02	0.08		
19	0	0.31	0.28	0.02	0	0.85	0.08	0.49	0.28	3.02	0.28	0.02	0.02	0.02	1.88	0.02	0.08	0	
20	0	0.31	0.28	0.02	0	0.03	0.08	0.49	8.68	0.28	0.28	1.88	0.02	0.02	0.02	0.02	0.08	11.24	0

Pearson相关检验结果表明(图4-2),赤水蕈树群落中极显著正相关的种对占比为10.53%,极显著负相关的仅有1对,显著正相关种对占比1.05%,显著负相关种对有5对,占比2.63%;无关联或不显著关联162对,占总种对数的85.26%,说明群落中大多数物种间联结关系不显著。赤水蕈树与甜槠呈极显著负相关,表明两者之间的资源需求不一致,或者因资源不能共享形成种间竞争,从而表现为负联结。

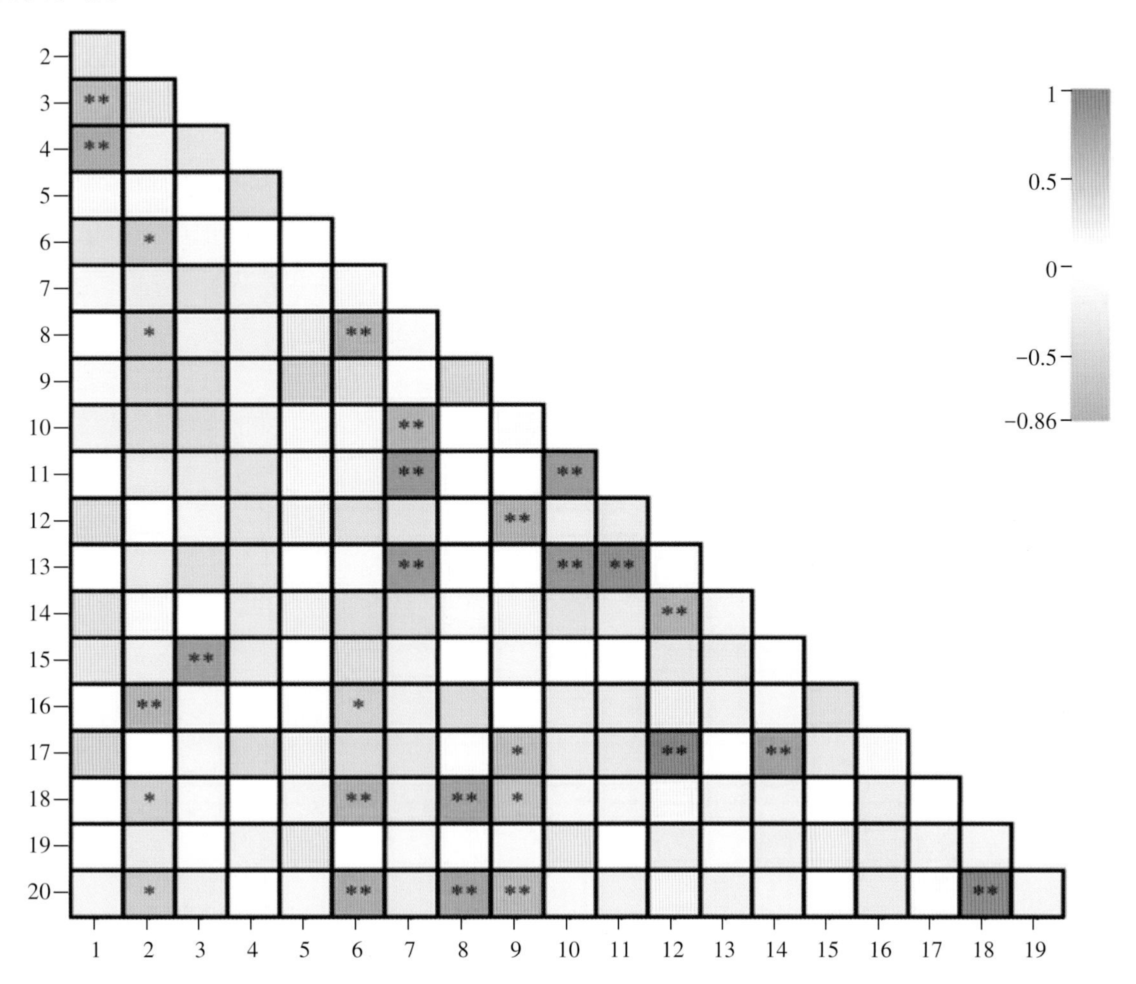

图4-2 主要树种Pearson相关系数及其显著性

Figure4-2 Pearson correlation coefficient and its significance of main tree specie

注:"**"表示极显著差异($P<0.01$),"*"表示显著差异($P<0.05$)。

Spearman秩相关检验显示(图4-3),在190组种对中,其中19组物种对呈极显著正相关,占总物种对数的10%;17对呈显著正相关,占总物种对数的8.95%;8对呈极显著负相关,占总物种对数的4.21%;9对呈显著负相关,占总物种对数的4.74%;无关联或不显著关联137对,占总种对数的72.11%。赤水蕈树-栲、赤水蕈树-杨梅呈极显著正相关,赤水蕈树-毛竹、赤水蕈树-喜树、赤水蕈树-华山松呈显著正相关。赤水蕈树与甜槠呈极显著负相关,赤水蕈树与木姜子、黄杞呈显著负相关。总体来看,大多数树种之间无显著联结性,呈独立分布;少数树种对环境资源有更多的需求,呈现互利或者竞争关系。

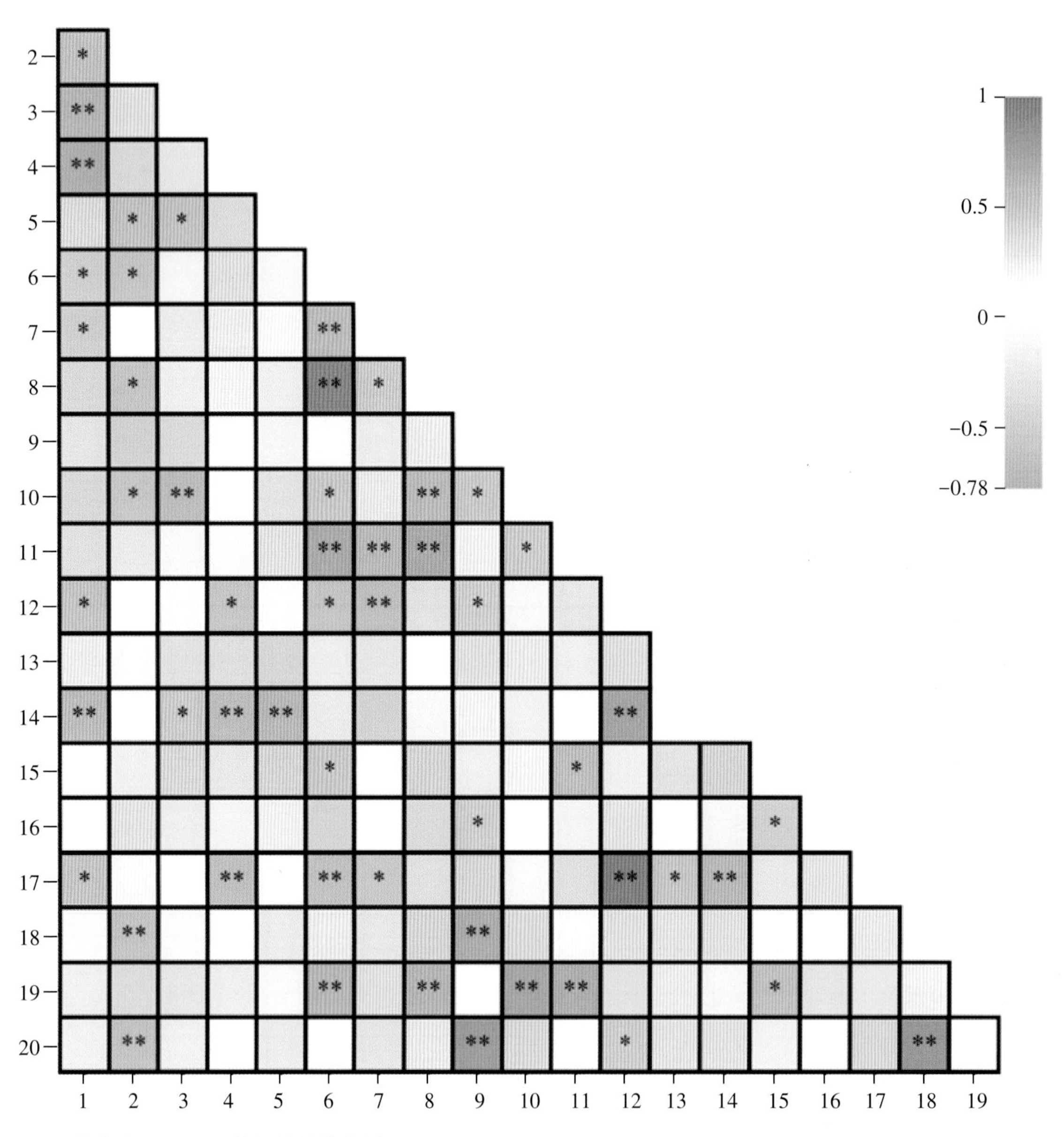

图 4-3　优势种Spearman秩相关系数分析

Figure4-3 Spearman rank correlation coefficient analysis of dominant species

注:“**”表示极显著差异($P<0.01$),“*”表示显著差异($P<0.05$)。

第四节
群落组成与结构特征小结

生态位宽度可反映种群在群落中的地位和作用。Schellenberger(2018)认为物种的生态位较宽，该种在环境中的生存能力越强。本研究中，赤水蕈树群落20个主要树种中，赤水蕈树、毛竹、栲、黄杞和四川大头茶的生态位宽度较大，在群落乔木层中占据主导地位，对控制群落结构和内部环境具有决定作用。赤水蕈树在所调查的群落中生态位及重要值都较大，说明该种的生境适宜能力较强。相比之下野桐、华山松和乌柿的生态位宽度小，这部分物种个体数量较少且资源竞争能力较弱，是赤水蕈树等优势物种的伴生种。它们与优势种之间有着广泛而密切的关联，但在群落中不起主要作用。然而，值得注意的是，Serrano等认为濒危植物对生境的需求一般都具有独特性，因此往往拥有狭窄的生态位。尽管赤水蕈树的生态位较宽，但并不足以证明赤水蕈树是生态位泛化种，因为是基于赤水蕈树现有资源(10个居群)进行调查的，调查尺度的限制导致该种生态位较宽，这种现象与张华雨对小黄花茶的研究一致。

生态位重叠是评估物种对环境资源利用差异的重要指标，生态位重叠值越大，表明物种生活型和生态需求越相似。生态位较宽的物种容易与其他物种间形成生态位重叠。由于物种的生物学和生态学特性不同，对环境资源的需求也有所差异，因此，生态位宽度大的物种并不一定会产生大的生态位重叠。本研究发现四川大头茶与毛竹的生态位宽度较大，但两者的生态位重叠值却较小。一般认为，生态位重叠值大于0.5时，物种间利用资源的相似性较高，且竞争也更为激烈。本研究中，赤水蕈树-栲、赤水蕈树-毛竹、华山松-喜树等18个种对的生态位重叠值均大于0.5。

物种间的互作关系可以通过种间联结来体现，分析群落种间联结关系能够掌握群落动态变化规律。利用方差比率法对赤水蕈树群落乔木层的主要树种进行总体关联性分析发现，赤水蕈树生存群落乔木层20个优势种的总体联结性呈现出显著正关联，这表明群落乔木层趋于稳定。χ^2检验表明群落内种间正关联种对多于负关联种对。Pearson检验表明有22个种对呈正关联，负关联种对6个，无关联或不显著关联162个。Spearman秩相关检验表明，有36组种对呈正关联，有17组种对呈负关联，无关联或不显著关联137组。三种检验方法均表明，赤水蕈树种间关系之中正关联种对数多于负关联种对数，大多数种对间均无关联或呈不显著联结，表明赤水蕈树群落种间关系以正关联为主，但相互作用的强度较低，该结果与刘益鹏等对观光木的种间关系研究结果一致。赤水蕈树与甜槠呈极显著负相关，可能因为这两个物种生态位重叠度较高，且对资源的利用较相似，导致两个物种为生存资源的抢夺而产生互斥作用，这与前人对优势种种间关联研究结果一致。

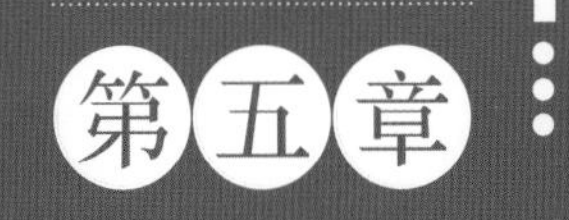

种群结构特征

种群是每个物种在进化进程中连接个体、群落以及生态系统的关键枢纽。种群结构能够揭示种群的年龄结构、生命期望以及存活曲线等,种群动态可反映植物种群的数量变化规律。研究植物种群结构和动态的方法是基于静态生命表构建的生存曲线、数量动态指数、生存函数、谱系分析和时间序列预测模型,这种方法不仅可以预测当前种群的生存状态及其与环境的适合度,还能够对种群的自然更新规律、受干扰现状与未来发展趋势进行评估,对保护和利用植物资源意义重大。种群结构的分析方法一般包括龄级结构、静态生命表、存活曲线等几个方面。种群的龄级结构能够体现物种在不同年龄段的个体数,可揭示种群的动态变化趋势。静态生命表的编制能够反映种群的死亡曲线、存活曲线以及生命期望等特征。存活曲线共有3种类型:幼龄期的死亡率较低,而生理衰退期死亡率较高的为Ⅰ型;不同年龄阶段死亡率变化稳定的为Ⅱ型;幼龄期出现较高的死亡率,随着龄级增加死亡率降低的为Ⅲ型。动态指数能定量评价种群动态,可解决种群动态评价中无法准确划分等级的问题。时间序列是通过在相等间隔的时间段内,依照给定的采样率对某种潜在过程进行观测的结果,时间序列数据能预测未来年龄结构与发展趋势。利用植物种群的龄级结构、静态生命表和存活曲线等分析方法,能够更客观地揭示种群生长现状、预测种群未来发展趋势,对种群的保护与恢复等具有重要意义。

第一节
种群龄级结构

赤水蕈树种群分布区主要位于赤水市的元厚镇、天台镇、葫市镇、官渡镇、石堡乡等5个乡镇，此次的34个样地内共调查到赤水蕈树植株数量1 031株，结实株数75株。按其径级共划分为13个龄级（即Ⅰ~ⅩⅢ级），以各龄级植株数为因变量，绘制赤水蕈树龄级结构图（图5-1）。整体来看，研究区赤水蕈树幼龄个体数量较多，各龄级植株数有差异，Ⅰ~ⅩⅢ各龄级个体数占比分别为23.57%、14.94%、13.29%、10.67%、14.94%、10.67%、5.63%、1.94%、1.16%、0.87%、0.58%、0.29%、1.45%，其中幼龄级个体（DBH≤7.5 cm）共397株，占总株数的38.51%；低龄级个体（7.5 cm<DBH≤17.5 cm）总数为247株，占总株数的23.96%；中龄级个体（17.5 cm<DBH<42.5 cm）总数为354株，占总株数的34.34%。赤水蕈树种群龄级结构呈倒“J”形，该种群幼龄阶段个体储备丰富，龄级完整，更新潜力较好。

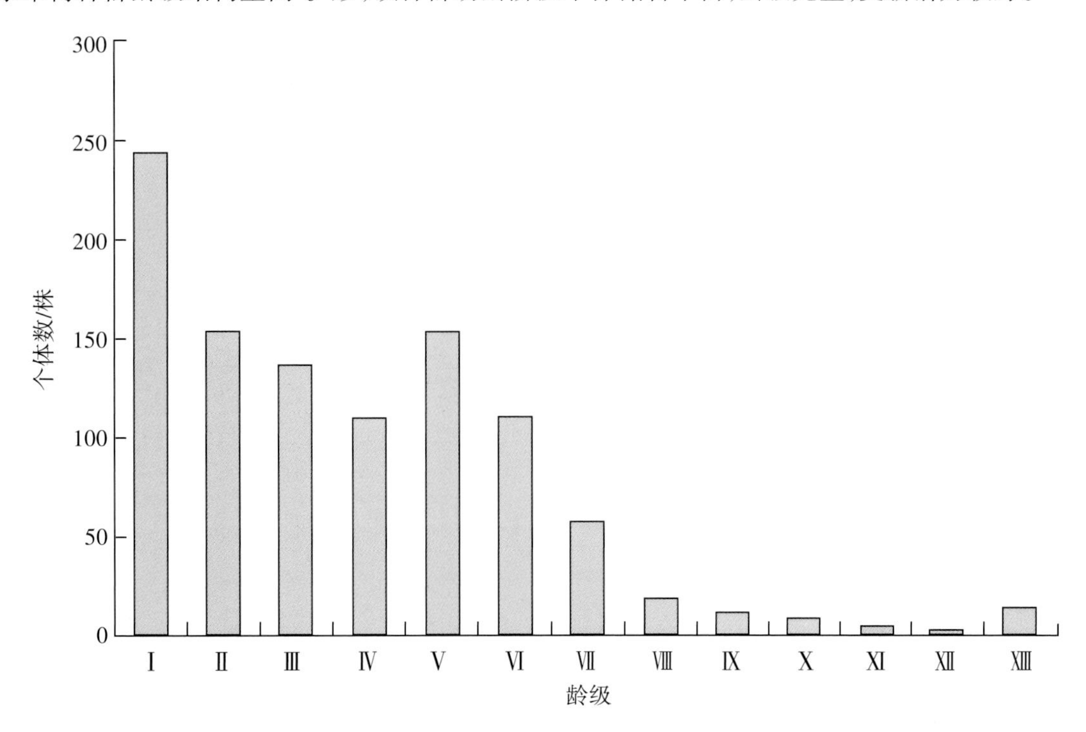

图5-1　种群龄级结构

Figure5-1 Age-class structure of population

第二节

静态生命表

赤水蕈树种群静态生命表见表5-1。由表可知，赤水蕈树幼苗幼树储备丰富，总体表现为增长型。随着龄级的增加，赤水蕈树标准化存活数(l_x)逐渐减少，该规律符合物种的生物学特征。赤水蕈树在第Ⅻ龄级出现较高死亡率(0.88)，表明赤水蕈树植株在这个龄级已经老化严重，适应性差，生活能力也快速下降。期望寿命(e_x)可反映不同龄级内植株个体的平均生存能力，赤水蕈树期望寿命在第Ⅱ龄级出现最高值，第Ⅱ龄级后，赤水蕈树种群的期望寿命值随龄级的增长而呈先增后降趋势，说明赤水蕈树种群在幼龄时生长最为旺盛，具有一定的更新潜力。生存力和环境适应能力随着年龄的增长逐渐下降，期望寿命值在Ⅻ级时低至0.62，说明在Ⅻ级时种群已处于生理衰退期。

表5-1　种群静态生命表

Table5-1 Population static life table

龄级	A_x	a_x	l_x	$\ln l_x$	d_x	q_x	L_x	T_x	e_x	K_x	S_x
Ⅰ	243	243	1 000	6.91	366	0.37	817	4 377	4.38	0.46	0.63
Ⅱ	154	154	634	6.45	67	0.11	601	3 560	5.62	0.11	0.89
Ⅲ	137	137	567	6.34	40	0.07	547	2 960	5.22	0.07	0.93
Ⅳ	110	128	527	6.27	57	0.11	499	2 413	4.58	0.11	0.89
Ⅴ	154	114	470	6.15	58	0.12	441	1 914	4.07	0.13	0.88
Ⅵ	110	100	412	6.02	58	0.14	383	1 473	3.58	0.15	0.86
Ⅶ	58	86	354	5.87	58	0.16	325	1 090	3.08	0.18	0.84
Ⅷ	20	72	296	5.69	57	0.19	268	765	2.58	0.21	0.81
Ⅸ	12	58	239	5.48	58	0.24	210	498	2.08	0.28	0.76
Ⅹ	9	44	181	5.2	58	0.32	152	288	1.59	0.39	0.68
Ⅺ	6	30	123	4.81	57	0.46	95	136	1.11	0.62	0.54
Ⅻ	3	16	66	4.19	58	0.88	37	41	0.62	2.11	0.12
XIII	15	2	8	2.08	—	—	—	—	—	—	—

注：A_x，存活量；a_x，匀滑后存活量；l_x，标准化存活数；$\ln l_x$，标准化存活量对数；d_x，死亡量；q_x，死亡率；L_x，平均存活量；T_x，总寿命；e_x，期望寿命；K_x，消失率；S_x，存活率。

第三节

存活曲线

图5-2是以赤水蕈树种群各龄级为横坐标，标准化存活数(l_x)为纵坐标，进行赤水蕈树种群存活曲线的绘制，运用Deevey划分的3种存活曲线类型对赤水蕈树存活曲线进行检验。由图可知，赤水蕈树存活曲线类型介于Deevey-Ⅱ型和Deevey-Ⅲ型之间，故选择指数函数和幂函数进行存活曲线拟合与检验。指数函数的拟合方程为N_x=1 753.12 $e^{-0.28x}$(F=34.68，R^2 =0.76)，幂函数的拟合方程为N_x=2 038.40 $x^{-1.22}$(F=13.63，R^2=0.55)，指数函数的F和R^2值均大于幂函数。可见，赤水蕈树种群存活曲线更接近于Deevey-Ⅱ型，种群各龄级数量和存活率相当，整体种群状态稳定。此外，赤水蕈树在第Ⅰ龄级个体数量下降幅度比其他龄级大，赤水蕈树在第Ⅱ龄级后个体数量相对稳定，这表明该种在幼苗和幼树阶段的生存力较弱，之后个体的适应能力增强，以相对稳定的个体数量进入下一生长阶段。

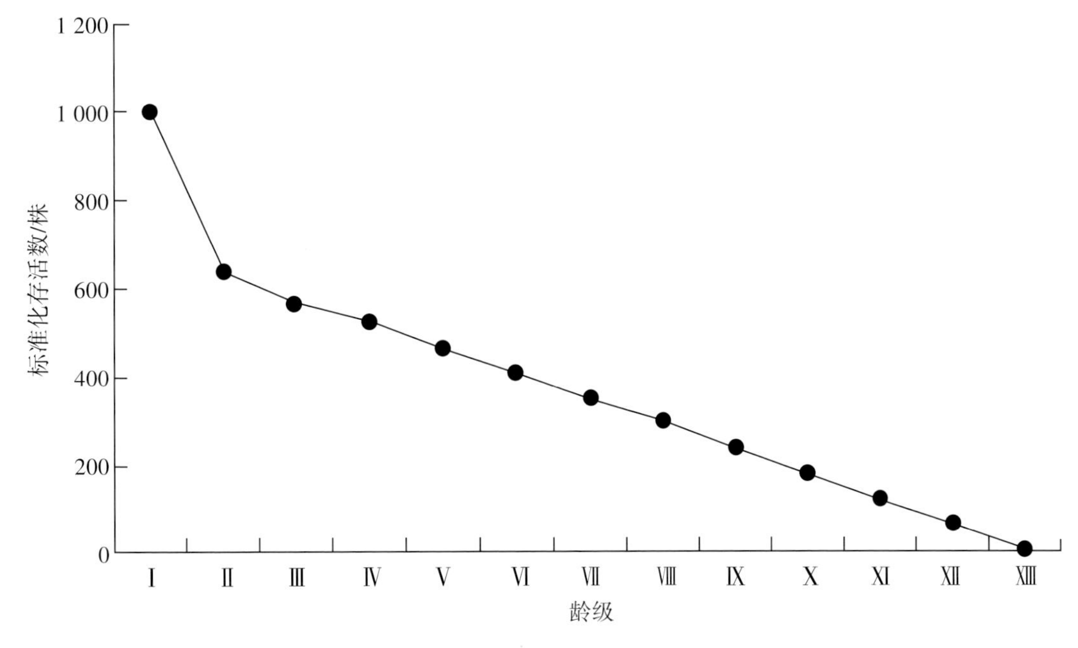

图5-2　种群标准化存活曲线

Figure5-2 Population standardized survival curve

以赤水蕈树种群各龄级为横坐标，以不同龄级的死亡率(q_x)与消失率(K_x)值作为纵坐标，绘制了赤水蕈树种群的死亡率与消失率曲线。由图5-3可知，赤水蕈树种群的死亡率与消失率曲线变化基本一致，随着龄级的增加两者都出现先降低后增加再降低的动态变化趋势，且均在第Ⅻ龄级达到顶峰，说明赤水蕈树种群的数量在该龄级发生锐减。结合表5-1可看出，赤水蕈树的幼苗与幼树在储备量上有显著差异，并且死亡率与消失率均低于50%，这表明赤水蕈树在幼年阶段具有较高的存活能力和环境适应能力，从而维持了该种群的稳定发育。赤水蕈树种群进入第Ⅸ龄级即进入老龄阶段后，逐渐进入生理衰退期，且受病虫害、竞争等因素影响，生存压力增大，因此在第Ⅻ龄级达到88%的死亡率顶峰。

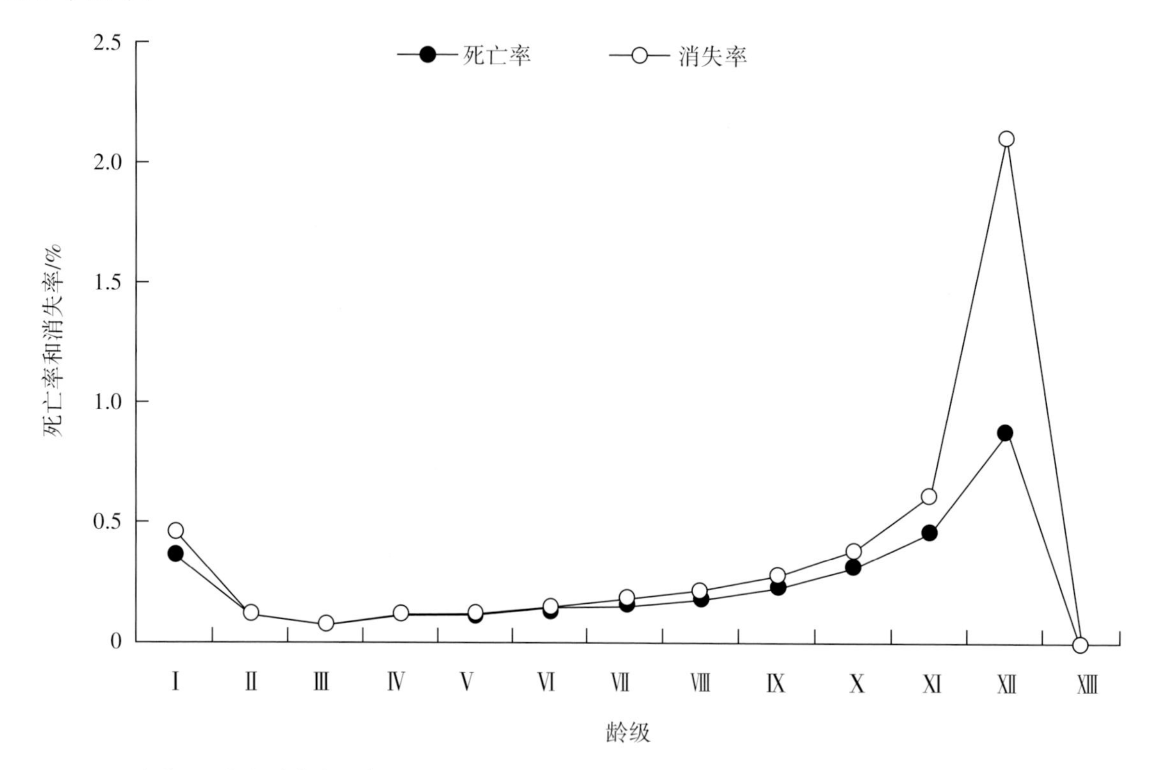

图5-3 种群死亡率和消失率曲线

Figure5-3 Population mortality and disappearance rate curve

第四节

种群结构特征小结

植物种群结构能够反映植物自身的更新特性,揭示种群的生长状况和对环境因素的适应能力,为植物资源的保护评估提供了关键信息。赤水蕈树种群龄级结构呈倒"J"形,种群幼苗个体数多,到第Ⅱ龄级锐减,这种现象与大苞山茶的龄级结构相似。幼苗阶段是种群天然更新过程中最关键的时期,赤水蕈树种群幼苗个体数虽多,但都在母树周围成片分布,散生的幼苗较少,有限的空间使大部分苗的高度和树冠的生长受到限制,不利于其成活。随着幼苗生长进入下一龄级,因资源抢夺引起的种内竞争以及外界环境因素的影响导致大量幼苗被淘汰,使成体植株不能得到充足的资源,一定程度上会限制种群的增长。进入第Ⅱ龄级之后种群个体保持相对稳定,可能是由于幼苗更新阶段抗逆性较弱的个体被淘汰,保留下来的植株具有较强的抗逆性与适应性,种群在一定时间内仍保持着较好的更新能力。在第Ⅴ龄级个体数增加,随后逐级降低,第Ⅸ龄级开始个体数明显减少,因为第Ⅸ龄级已进入老龄阶段,植株个体的生理能力及对环境的适应能力都降低,故赤水蕈树种群老龄植株数量减少,该现象与前人对新疆野扁桃龄级结构研究结果一致。

静态生命表能反映种群生存现状并预测种群未来发展趋势。赤水蕈树种群期望寿命值(e_x)呈先增后降趋势,老龄个体期望寿命值低于幼龄级与中龄级个体,赤水蕈树在第Ⅱ龄级表现出最高的期望寿命值,这可能是因为幼苗阶段经历了严格的生境筛选,因此在进入第Ⅱ龄级后,个体的抗逆性和适应性更强。存活曲线以存活个体数量为基础,从而描述特定年龄的死亡率,能够反映种群生存率随龄级变化的趋势。种群的存活曲线并不是单一的某种类型,赤水蕈树种群存活曲线更趋向于Deevey-Ⅱ型,在幼龄级阶段,赤水蕈树种群幼苗数量丰富,能够应对环境的筛选及种内竞争压力。赤水蕈树个体在中龄级阶段时,生长过程中所面临的环境压力与竞争强度大幅增加,随着赤水蕈树种群个体进入生理衰退期,种群数量逐渐减少,种群结构在短期内处于稳定阶段,但长期来看呈衰退趋势。

第六章

群落生境特征

生境是生物生存和繁衍所需的地域范围，包含必要的物质条件和生态因素。生物与生境之间相互影响，生物一方面在适应生境，另一方面也通过改造生境来利于自身生存。对于珍稀濒危植物和狭域种，揭示生境中各生态因子特征可帮助了解物种生境需求，从而实施相应的保护措施，对濒危物种迁地保护时的环境构建具有指导作用。生境因子能影响物种生长发育与繁殖、种群结构与分布、群落结构与功能等。物种生境特征包括气候、地形及土壤等因素，是环境条件的综合映射。土壤真菌能促进寄主植物吸收土壤养分，增强植物的抗逆性，改变土壤中的菌群，对土壤的结构进行分解改良，提高土壤养分水平，并对土壤中的有毒物质进行分解。因此，通过研究植物生境特征，可以深入了解植物偏好的生长环境，以及对气候、地形、土壤等因素的适应策略，对珍稀濒危植物就地保护及迁地保育的环境构建具有重要指导价值。

第一节
群落生境条件

一、地形因子

由表6-1可知，赤水蕈树分布区的平均坡向为258.30°，变异系数为35.60%，最适坡向为226.24°～290.35°，最小坡向为18.77°，最大坡向为357.83°，标准差为91.88°；平均坡度为42.53°，变异系数为37.30%，最适坡度为35.70°～49.37°，最小坡度为20.00°，最大坡向为85.00°，标准差为19.60°；平均海拔为849.88 m，变异系数为9.50%，最适海拔为821.75～878.01 m，最低海拔为647.00 m，最高海拔为989.00 m，标准差为80.62 m，这表明赤水蕈树生境偏陡坡、中海拔。

表6-1　分布区地形特征描述性统计分析

Table6-1 Descriptive statistical analysis of topographic characteristics in the distribution area

指标	平均值	最小值	最大值	标准差	变异系数/%	95%的置信区间	
						下限	上限
坡向	258.30°	18.77°	357.83°	91.88°	35.60	226.24	290.35
坡度	42.53°	20.00°	85.00°	19.60°	37.30	35.70	49.37
海拔	849.88 m	647.00 m	989.00 m	80.62 m	9.50	821.75	878.01

二、气候因子

以平均气温日较差、气温季节性变动系数、年降水量、气温年较差和最湿月份降水量等5个气候因子为代表描述分布区的气候特征（见表6-2）。5个气候因子间的变异系数为0.5%～1.7%，变异程度较小。平均气温日较差最适范围为6.38～6.45 ℃，气温季节性变动系数最适范围为727～729，气温年较差最适范围为26.46～26.58 ℃，年降水量最适范围为1 061～1 068 mm，最湿月份降水量最适范围为171.60～173.63 mm。该分布区气候温暖湿润，总体上属于中亚热带湿润季风气候。

表6-2 分布区气候特征描述性统计分析

Table6-2 Descriptive statistical analysis of climatic characteristics in the distribution area

指标	平均值	最小值	最大值	标准差	变异系数/%	95%的置信区间	
						下限	上限
平均气温日较差	6.41 ℃	6.18 ℃	6.64 ℃	0.10 ℃	1.5	6.38	6.45
气温季节性变动系数	728	709	732	3.97	0.5	727	729
气温年较差	26.52 ℃	25.96 ℃	26.97 ℃	0.16 ℃	0.6	26.46	26.58
年降水量	1 064 mm	1 055 mm	1 100 mm	10.56 mm	1.0	1 061	1 068
最湿月份降水量	172.62 mm	170.00 mm	188.00 mm	2.91 mm	1.7	171.60	173.63

三、人为干扰

赤水蕈树分布区的平均人口密度为42.44人/km^2,其中人口密度较小值出现在石堡乡和元厚镇;而人口密度较大值则出现在天台镇、葫市镇、官渡镇。从实地调查来看人口密度小的区域赤水蕈树群落物种更丰富,而人口密度较大区域赤水蕈树受到的干扰较大,群落植被相对较差。进一步调查发现,对赤水蕈树的人为干扰主要有以下两方面:一是当地百姓以竹产业作为主要经济来源,大力发展毛竹产业,而毛竹通过地下茎进行无性繁殖,向周边林地快速扩张,给邻近的赤水蕈树种群构成了巨大威胁。二是毛竹林地需要定期地清理树木、杂草,当地百姓对赤水蕈树及其他林木进行砍伐,致使赤水蕈树生长受到威胁,调查过程中发现很多赤水蕈树伐桩,但这一现象在2021年国家林业和草原局、农业农村部公布《国家重点保护野生植物名录》后得到缓解。

第二节

生境土壤特征

一、土壤养分

赤水蕈树群落34个采样点蔗糖酶范围为3.26~38.55 $mg \cdot g^{-1} \cdot d^{-1}$，脲酶0.05~1.40 $mg \cdot g^{-1} \cdot d^{-1}$，过氧化氢酶0.47~7.61 $mL \cdot g^{-1} \cdot d^{-1}$，酸性磷酸酶4.21~34.70 $mg \cdot g^{-1} \cdot d^{-1}$，全钾2.52~17.63 $g \cdot kg^{-1}$，全磷0.03~0.26 $g \cdot kg^{-1}$，全氮0.33~3.26 $g \cdot kg^{-1}$，有机质3.41~80.50 $g \cdot kg^{-1}$，pH 3.93~5.47。如表6-3所示，赤水蕈树群落土壤pH最大值为5.47，最小值为3.93，平均值为4.27，土壤偏酸性；土壤有机质最大值为80.50 $g \cdot kg^{-1}$，最小值仅3.41 $g \cdot kg^{-1}$，平均值40.29 $g \cdot kg^{-1}$；全氮含量平均值为1.71 $g \cdot kg^{-1}$；全磷含量平均值0.13 $g \cdot kg^{-1}$；全钾含量最适范围为6.13~8.57 $g \cdot kg^{-1}$；酸性磷酸酶最适范围为16.83~23.79 $mg \cdot g^{-1} \cdot d^{-1}$；过氧化氢酶变异系数为53.80%，最大值为7.61 $mL \cdot g^{-1} \cdot d^{-1}$，最小值仅为0.47 $mL \cdot g^{-1} \cdot d^{-1}$，平均值3.53 $mL \cdot g^{-1} \cdot d^{-1}$，最适范围为2.86~4.19 $mL \cdot g^{-1} \cdot d^{-1}$；脲酶最适范围为0.30~0.50 $mg \cdot g^{-1} \cdot d^{-1}$；蔗糖酶最适范围为7.31~12.07 $mg \cdot g^{-1} \cdot d^{-1}$。赤水蕈树分布区的土壤理化性质及酶活性差异较大，分布区土壤pH整体呈弱酸性，有机质偏低，土壤较为瘠薄。

表6-3　土壤理化性质及酶活性描述性统计

Table6-3 Descriptive statistics of soil physical and chemical properties and enzyme activity

指标	平均值	最小值	最大值	标准差	变异系数/%	95%的置信区间	
						下限	上限
土壤酸碱度（pH）	4.27	3.93	5.47	0.32	7.40	4.16	4.38
有机质（OM）	40.29 $g \cdot kg^{-1}$	3.41 $g \cdot kg^{-1}$	80.50 $g \cdot kg^{-1}$	21.29 $g \cdot kg^{-1}$	52.90	32.86	47.72
全氮（TN）	1.71 $g \cdot kg^{-1}$	0.33 $g \cdot kg^{-1}$	3.26 $g \cdot kg^{-1}$	0.80 $g \cdot kg^{-1}$	47.00	1.43	1.99
全磷（TP）	0.13 $g \cdot kg^{-1}$	0.03 $g \cdot kg^{-1}$	0.26 $g \cdot kg^{-1}$	0.05 $g \cdot kg^{-1}$	41.70	0.11	0.15
全钾（TK）	7.35 $g \cdot kg^{-1}$	2.52 $g \cdot kg^{-1}$	17.63 $g \cdot kg^{-1}$	3.50 $g \cdot kg^{-1}$	47.60	6.13	8.57

续表

指标	平均值	最小值	最大值	标准差	变异系数/%	95%的置信区间	
						下限	上限
酸性磷酸酶（ACP）	20.31 $mg \cdot g^{-1} \cdot d^{-1}$	4.21 $mg \cdot g^{-1} \cdot d^{-1}$	34.70 $mg \cdot g^{-1} \cdot d^{-1}$	9.97 $mg \cdot g^{-1} \cdot d^{-1}$	49.10	16.83	23.79
过氧化氢酶（CAT）	3.53 $mL \cdot g^{-1} \cdot d^{-1}$	0.47 $mL \cdot g^{-1} \cdot d^{-1}$	7.61 $mL \cdot g^{-1} \cdot d^{-1}$	1.90 $mL \cdot g^{-1} \cdot d^{-1}$	53.80	2.86	4.19
脲酶（UE）	0.40 $mg \cdot g^{-1} \cdot d^{-1}$	0.05 $mg \cdot g^{-1} \cdot d^{-1}$	1.40 $mg \cdot g^{-1} \cdot d^{-1}$	0.29 $mg \cdot g^{-1} \cdot d^{-1}$	72.80	0.30	0.50
蔗糖酶（SC）	9.69 $mg \cdot g^{-1} \cdot d^{-1}$	3.26 $mg \cdot g^{-1} \cdot d^{-1}$	38.55 $mg \cdot g^{-1} \cdot d^{-1}$	6.82 $mg \cdot g^{-1} \cdot d^{-1}$	70.40	7.31	12.07

二、土壤真菌

（一）真菌群落α多样性

土壤真菌具有分解有机质、参与养分循环与交换、促进植物生长和改善土壤生产力等诸多作用，其多样性和群落组成能很好地表征土壤健康状况。一般用α多样性指数即ACE、Chao1、Shannon和Simpson指数等指标来代表真菌多样性。利用α多样性分析不同生境内真菌群落多样性变化，分析毛竹不同干扰程度下土壤真菌α多样性（如图6-1）。赤水蕈树群落土壤真菌ACE指数、Chao1指数及Simpson指数差异不显著，毛竹重度干扰下的群落生境土壤真菌Shannon指数显著高于极重度干扰下的群落真菌。由表6-4可知，赤水蕈树土壤真菌ACE、Chao1、Shannon、Simpson指数在不同采样点存在差异。土壤真菌ACE、Chao1、Shannon、Simpson指数的变化范围分别为152～628、152～628、2.99～6.74、0.60～0.98。土壤真菌的ACE指数与Chao1指数最大值出现在Y10样地，指数值均为628，表明Y10样地的真菌物种数最多，群落丰富度最高。Shannon指数最大值出现在Y19，其数值为6.74，说明Y19的群落多样性最高。Simpson指数最大值出现在Y4，最小值出现在Y24，数值分别为0.98与0.60，表明Y4的优势种在群落中的地位更突出，非优势物种所占的比例减少，群落多样性较低，Y24的优势菌地位及作用较小，真菌多样性较高。

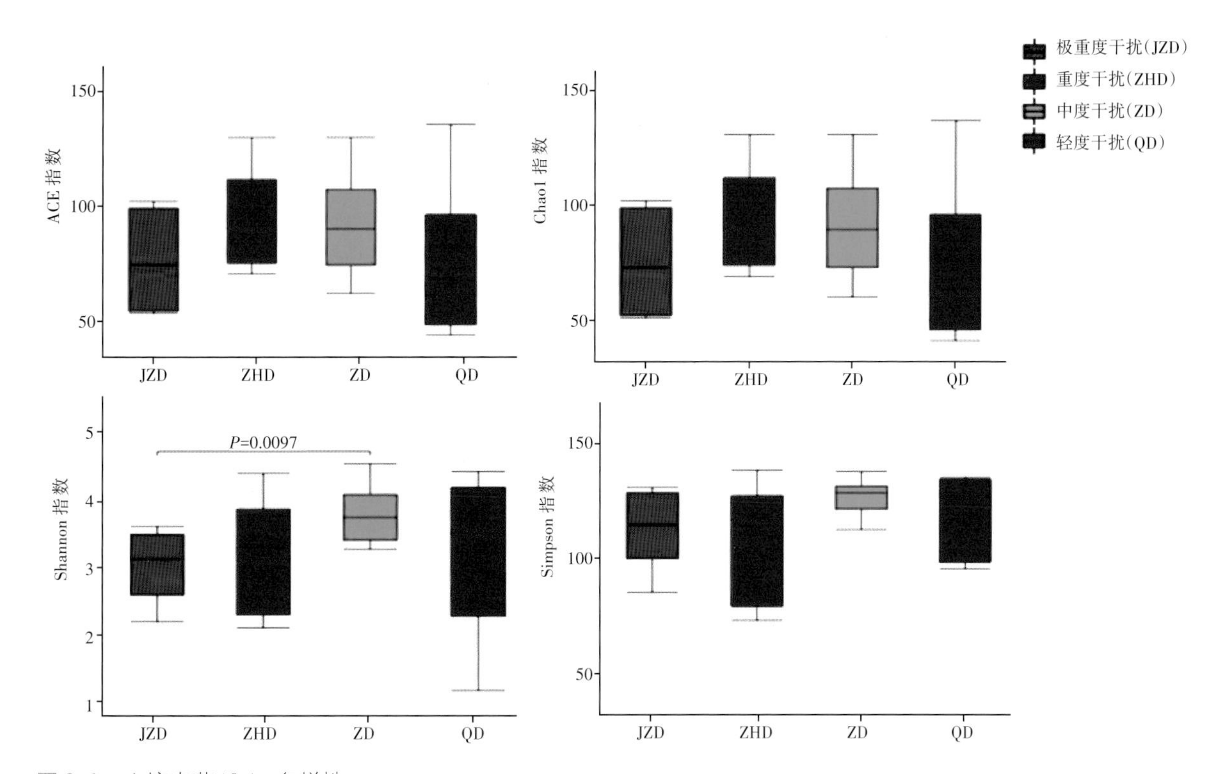

图 6-1　土壤真菌 Alpha 多样性

Figure6-1 Alpha diversity of soil fungi

表 6-4　不同样地真菌的 Alpha 多样性指数

Table6-4 Alpha diversity index of fungi in different plots

样地号	ACE	Chao1	Shannon	Simpson	样地号	ACE	Chao1	Shannon	Simpson
Y1	152	152	2.99	0.66	Y18	165	165	5.19	0.94
Y2	299	299	5.34	0.90	Y19	582	582	6.74	0.97
Y3	284	284	4.86	0.93	Y20	328	328	5.28	0.95
Y4	401	401	6.72	0.98	Y21	507	507	5.27	0.89
Y5	362	362	6.09	0.96	Y22	246	246	5.14	0.93
Y6	483	483	6.12	0.97	Y23	157	157	4.98	0.94
Y7	497	497	5.55	0.92	Y24	270	270	3.43	0.60
Y8	333	333	4.81	0.91	Y25	478	478	5.53	0.92
Y9	516	516	5.80	0.92	Y26	554	554	4.96	0.89
Y10	628	628	6.11	0.94	Y27	389	389	5.81	0.96
Y11	431	431	5.06	0.90	Y28	507	507	5.54	0.93
Y12	178	178	3.70	0.84	Y29	385	385	4.99	0.87
Y13	309	309	4.66	0.91	Y30	304	304	4.24	0.85
Y14	281	281	5.51	0.94	Y31	332	332	5.08	0.93

续表

样地号	ACE	Chao1	Shannon	Simpson	样地号	ACE	Chao1	Shannon	Simpson
Y15	216	216	4.96	0.93	Y32	416	416	5.08	0.88
Y16	185	185	3.18	0.81	Y33	329	329	6.31	0.97
Y17	329	329	6.10	0.97	Y34	253	253	5.23	0.93

（二）真菌群落β多样性

利用主成分分析法（PCA）分析毛竹不同干扰程度下土壤真菌结构差异。如图6-2所示，第一主轴解释了19.63%，第二主轴解释了10.81%，第三主轴解释了8.23%，共解释了38.67%的差异性。基于Bray-Curtis距离对毛竹不同干扰下赤水蕈树群落土壤真菌开展NMDS分析，当Stress value<0.2时，可准确反映赤水蕈树不同样地间的差异性。本实验发现在门、科、属不同分类水平下，NMDS分析结果Stress value均小于0.2，说明NMDS可准确反映不同组之间的差异度。图中毛竹轻度干扰组与其他组距离较远，表明轻度干扰组真菌与其他干扰程度下的各组具有一定差异，佐证了毛竹干扰会影响赤水蕈树群落土壤真菌。

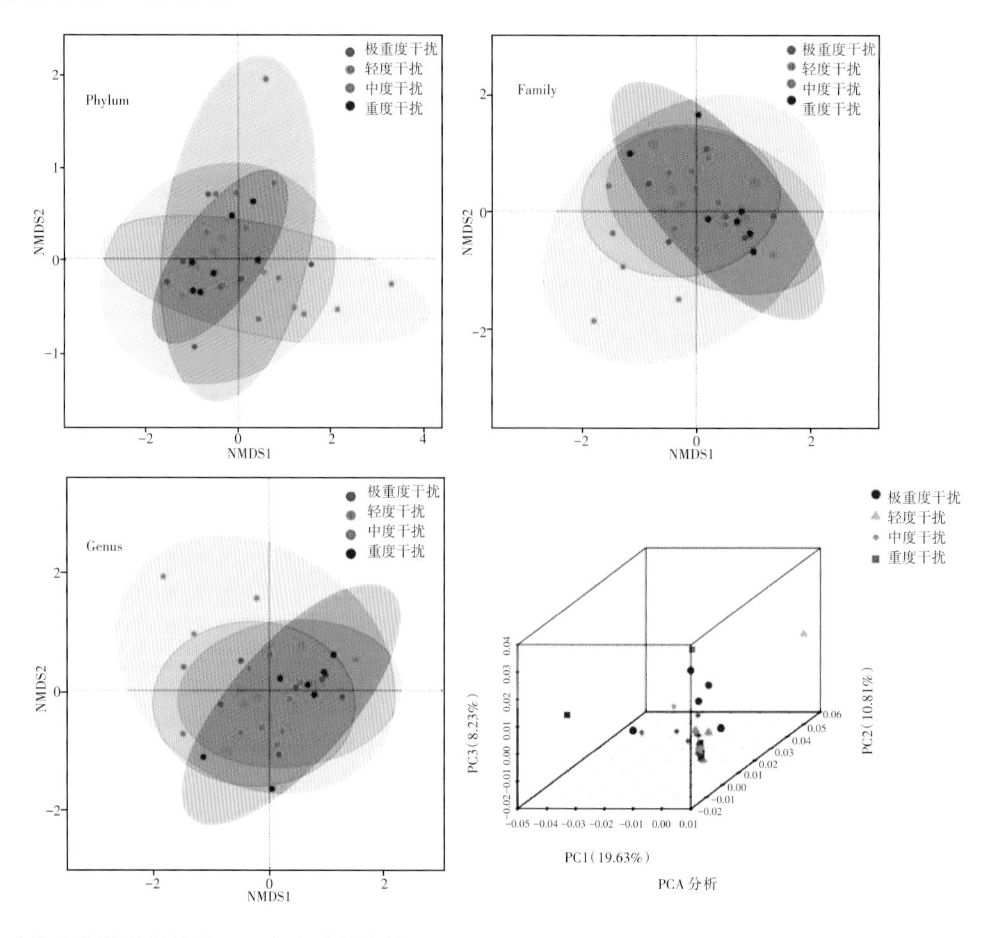

图6-2　土壤真菌群落结构的NMDS与主成分分析

Figure6-2 NMDS and principal component analysis of soil fungal community structure

（三）真菌群落结构

在所有样品中共检测到15个门水平上的真菌，对其进行统计分析，发现子囊菌门（Ascomycota）、被孢霉门（Mortierellomycota）、毛霉门（Mucoromycota）、担子菌门（Basidiomycota）、球囊菌门（Glomeromycota）、罗兹菌门（Rozellomycota）、油壶菌门（Olpidiomycota）、壶菌门（Chytridiomycota）和1个未分类菌门（unclassified_Fungi）等在赤水蕈树群落土壤中的相对丰度均大于1，是赤水蕈树群落土壤中占主导地位的真菌，但这些真菌的相对丰度在赤水蕈树群落不同样地内存在显著差异（图6-3）。赤水蕈树群落土壤子囊菌门的变化范围为7.1%～91.3%；担子菌门为3.5%～67.9%；罗兹菌门为0.06%～31.3%；被孢霉门为0.01%～4.3%；壶菌门为0.01%～2.5%；石孢真菌门为0.1%～5.2%；球囊菌门为0.07%～3.5%；毛霉门为0.003%～0.3%；油壶菌门为0.02%～0.18%；未分类菌门的变化范围为0.7%～18.8%。子囊菌门相对丰度显著高于其他真菌门类，在赤水蕈树土壤真菌中占据绝对优势，说明该类真菌在赤水蕈树群落土壤真菌中作用较大。担子菌门的优势也比较大。

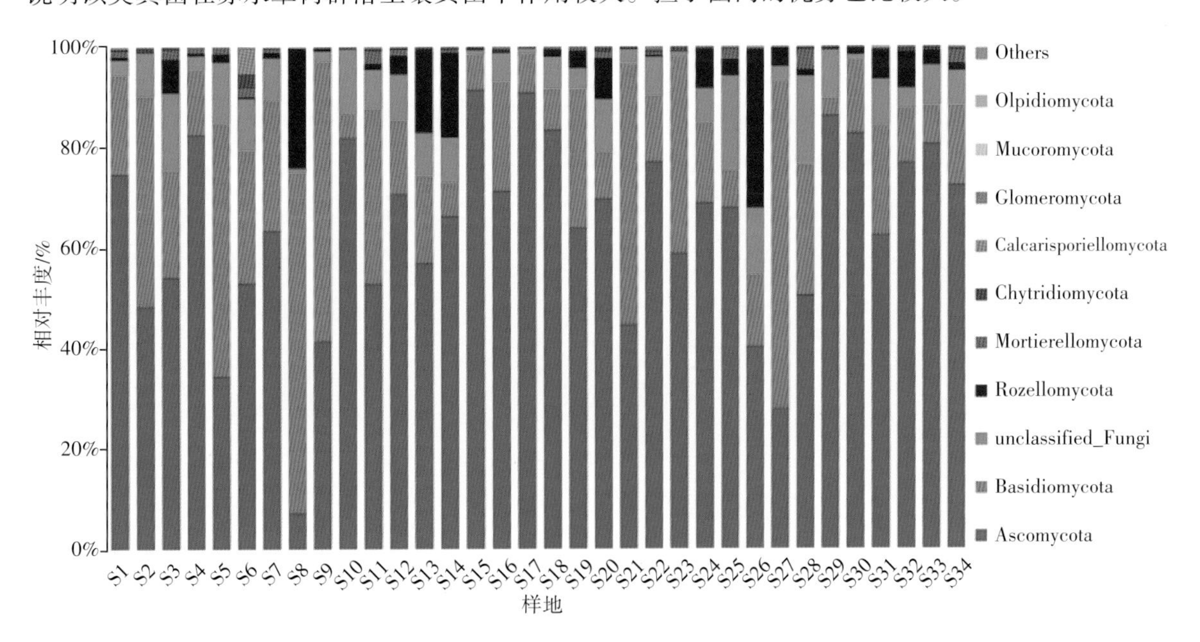

图6-3　群落土壤真菌门水平结构

Figure6-3 Horizontal structure of soil fungal phylum in community

34个采样点的赤水蕈树群落土壤中共检测到308个科水平上的真菌，对其进行分析发现（图6-4），未分类真菌科（unclassified_Fungi）、革菌科（Thelephoraceae）、子囊菌门未分类科（unclassified_Ascomycota）、球腔菌门未分类科（unclassified_Mycosphaerellales）、锤舌菌纲未分类科（unclassified_Leotiomycetes）、座囊菌纲未分类科（unclassified_Dothideomycetes）、古根菌科（Archaeorhizomycetaceae）、担子菌门未分类科（unclassified_Basidiomycota）、粘毛囊菌科（Myxotrichaceae）、粪壳菌纲未分类科（unclassified_Sordariomycetes）等在赤水蕈树群落土壤中的相对丰度均大于1，是赤水蕈树群落土壤真菌中的优势科。

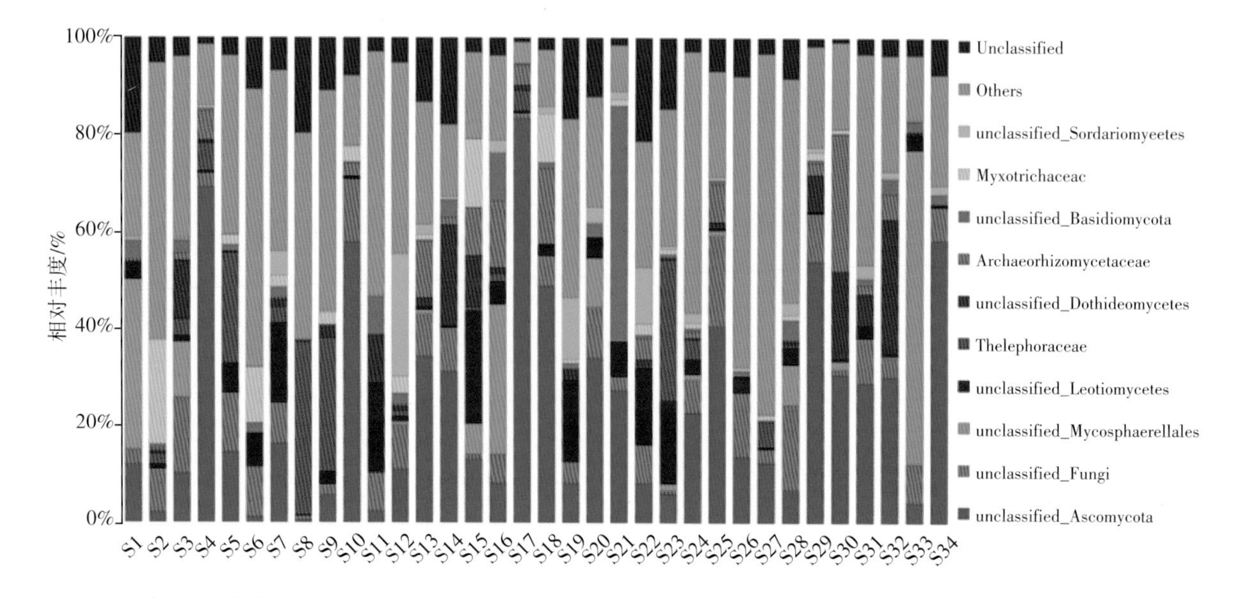

图 6-4　群落土壤真菌科水平结构

Figure6-4 Horizontal structure of soil fungal family in community

34个采样点的赤水蕈树群落土壤中共检测到714个属水平上的真菌，如图6-5，未分类真菌属(unclassified_Fungi)、树粉孢属(*Oidiodendron*)、子囊菌门未分类属(unclassified_Ascomycota)、球腔菌属(*Mycosphaerella*)、锤舌菌纲未分类属(unclassified_Leotiomycetes)、担子菌门未分类属(unclassified_Basidiomycota)、座囊菌纲未分类属(unclassified_Dothideomycetes)、古根菌属(*Archaeorhizomyces*)、革菌科未分类属(unclassified_Thelephoraceae)、粪壳菌纲未分类属(unclassified_Sordariomycetes)等在赤水蕈树群落土壤中的相对丰度均大于1，是赤水蕈树群落土壤中占主导地位的菌属。

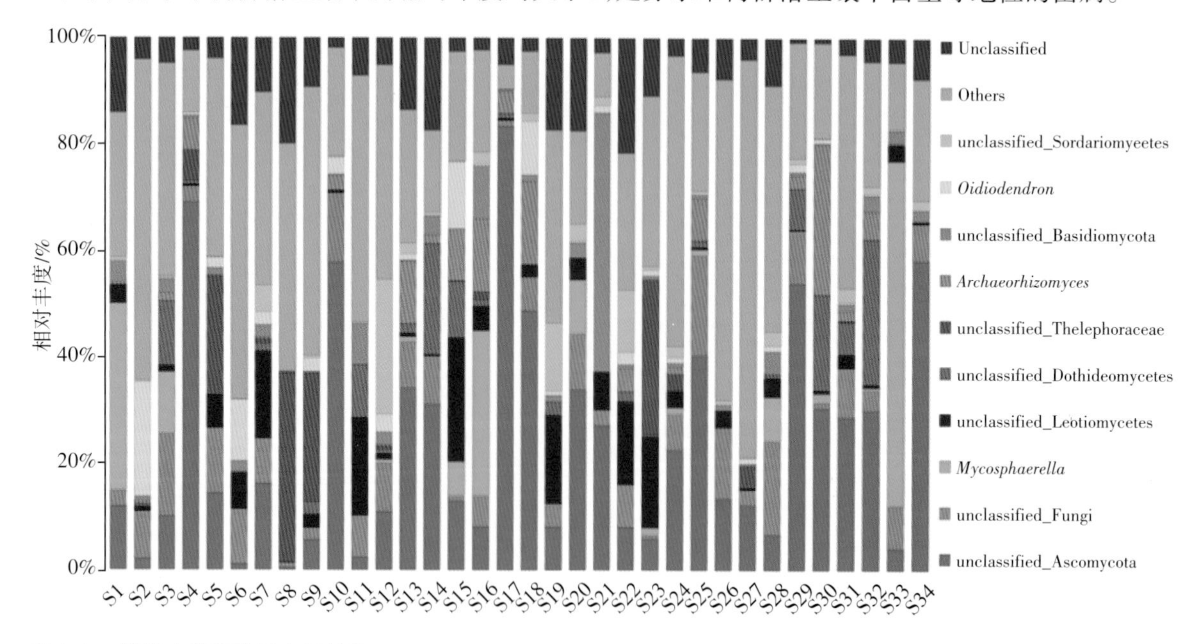

图 6-5　群落土壤真菌属水平结构

Figure6-5 Horizontal structure of soil fungi in community

第三节

群落生境特征小结

群落生境研究能够评估生境的质量和稳定性，为生态环境保护和恢复提供科学依据，促进生境的可持续利用和管理。生境选择对于物种保护和生境管理至关重要，影响物种生境选择的因素包括气候、地形、土壤和人类活动等。研究物种的生境特征，并对其偏好生境进行保护，可为濒危野生植物提供较好的就地保护。赤水蕈树分布区的土壤理化性质及酶活性差异较大，土壤pH整体呈弱酸性，有机质含量偏低，土壤较为瘠薄。赤水蕈树偏好的地形为中海拔、阳坡、陡坡区域，这可能是由于阳坡光照充足，热量丰富，植被蒸腾活跃，更适合常绿阔叶树种生长。植物偏好陡坡可能是研究区人为干扰严重，在缓坡地段受到干扰较大，而陡坡地段干扰较小，故呈现陡坡生境偏好。这与前人的研究结论一致，即陡坡受到的干扰小，缓坡受到的干扰程度大。在人口密度较大的区域，赤水蕈树受到的干扰更为严重，群落植被相对较差。这是由于研究区人工种植毛竹林较多，一方面，由于毛竹生长、繁殖迅速，可能会抑制群落内其他物种正常生长；另一方面，毛竹林采笋期与成林期人为活动较多，尤其是砍伐竹材时会对其他物种造成一定破坏。

真菌在土壤中起着重要作用，推动土壤物质的形成和转化，是地球生物化学循环的关键驱动力，对维系生态系统稳定性至关重要。真菌多样性水平降低会导致土壤质量退化，严重影响土壤和植物的健康状况。由于地形、气候、土壤理化性质等因子的共同作用，形成了土壤微生物多样性及群落结构特征差异。α多样性分析发现赤水蕈树土壤真菌多样性指数在不同采样点存在差异，其中，Y10样地的真菌物种数最多，Y19样地的群落多样性最高，这两个样地内毛竹干扰较少，属于轻度干扰区域。轻度干扰能够提高土壤真菌群落的物种丰富度。然而，随着毛竹入侵强度的增加，土壤养分水平会逐渐下降，在完全入侵时下降幅度最大，而绝大多数真菌偏好有机物丰富的环境，因此轻度干扰可促进真菌群落丰富度，反之，则产生抑制作用。子囊菌门与担子菌门是主要优势真菌门。子囊菌门对降解土壤有机质等大分子物质有着重要作用，是赤水蕈树群落土壤中发挥主要分解作用的真菌。担子菌门的一些类群对环境扰动非常敏感，因此可以作为土壤扰动程度的指示真菌，从而反映环境的干扰程度。

第七章

群落与生境因子的响应关系

生物多样分布是生物在演替和进化中，受到各种生物因素和非生物因素的共同影响，导致物种生境生态复杂化的过程，生物多样性分析是物种生态学研究的基础。植物群落分布与物种多样性是生物多样性的主要研究内容，两者的具体特征与生境关系密切，是众多环境因子与生物因子共同作用的结果。物种多样性能够反映群落物种的丰富度、变异程度和均匀度等特征，也直接或间接地反映群落的发展阶段、结构、稳定性、变异性等。

群落分布格局是种群长期适应和选择环境条件的结果，群落空间分布格局不仅因物种不同而有所差异，而且在不同的发育阶段和不同的生存环境条件下，同一物种之间也存在着明显的差异。群落分布受气候、地形、土壤、采伐方式等多重因素的驱动影响与共同作用。植物和环境因子之间的相互作用关系复杂，探索环境因子对物种多样性及物种分布的影响显得格外重要。

综上，了解植物的生态适应性、生态位分布以及群落的生长、竞争策略，研究植物群落对环境因子的响应机制，对揭示植物群落的形成和演替规律有重要意义。由于赤水蕈树分布区狭窄，在2021年前未被纳入《国家重点保护野生植物名录》，物种知名度低，该种的研究较为薄弱，目前仅对其进行了分布研究，无法揭示群落的演替规律及其与环境的互作关系。因此，本章节结合赤水蕈树分布现状，从物种的潜在地理分布、种群结构、群落特征以及群落与环境因子的关系进行综合分析，揭示种群的生态特性以及群落间的相互作用关系，找出影响赤水蕈树的关键环境因子，为后续科学保护赤水蕈树提供基础资料，也为今后珍稀濒危植物保护工作提供理论参考与技术依据。

第一节
群落分类与生境因子的关系

一、群落类型聚类分析

利用物种重要值对赤水蕈树群落34个样地以及主要的20个物种进行Ward最小方差聚类分析（图7-1），聚类结果表明，赤水蕈树群落被划分为6个群落类型。群落类型Ⅰ：包含样地13、15、28、29、31、32和34，其中毛竹和赤水蕈树为该群丛的主要优势种，群丛分布在元厚、长期、葫市和天台镇，海拔为647～869 m。群落类型Ⅱ：包含样地2、8、9、10、11、12、14、19、21、22、23、24、25、26、27、30和33，其中赤水蕈树、栲为该群丛的主要优势种，黄杞和甜槠为该群丛的主要伴生种，群丛分布在海拔667～989 m。群落类型Ⅲ：包含样地17、18和20，其中赤水蕈树、喜树和栲为该群丛的主要优势种，华山松为该群丛的主要伴生种，群丛分布在石堡乡，海拔范围850～970 m。群落类型Ⅳ：包含样地1、3、5、6和16，该群丛的主要优势种为赤水蕈树，主要伴生种为毛竹、木姜子和四川大头茶，群丛分布在天台镇、元厚镇和石堡乡，海拔范围730～968 m。群落类型Ⅴ：包含样地4，其中赤水蕈树、四川大头茶为该群丛的主要优势种，毛竹和枫香树为该群丛的主要伴生种，群丛分布在元厚镇中洞坪，海拔828 m。群落类型Ⅵ：包含样地7，主要优势种为甜槠和赤水蕈树，主要伴生种为乌柿、网脉山龙眼和亮叶桦，群丛分布在元厚镇丹霞农庄，海拔867 m。

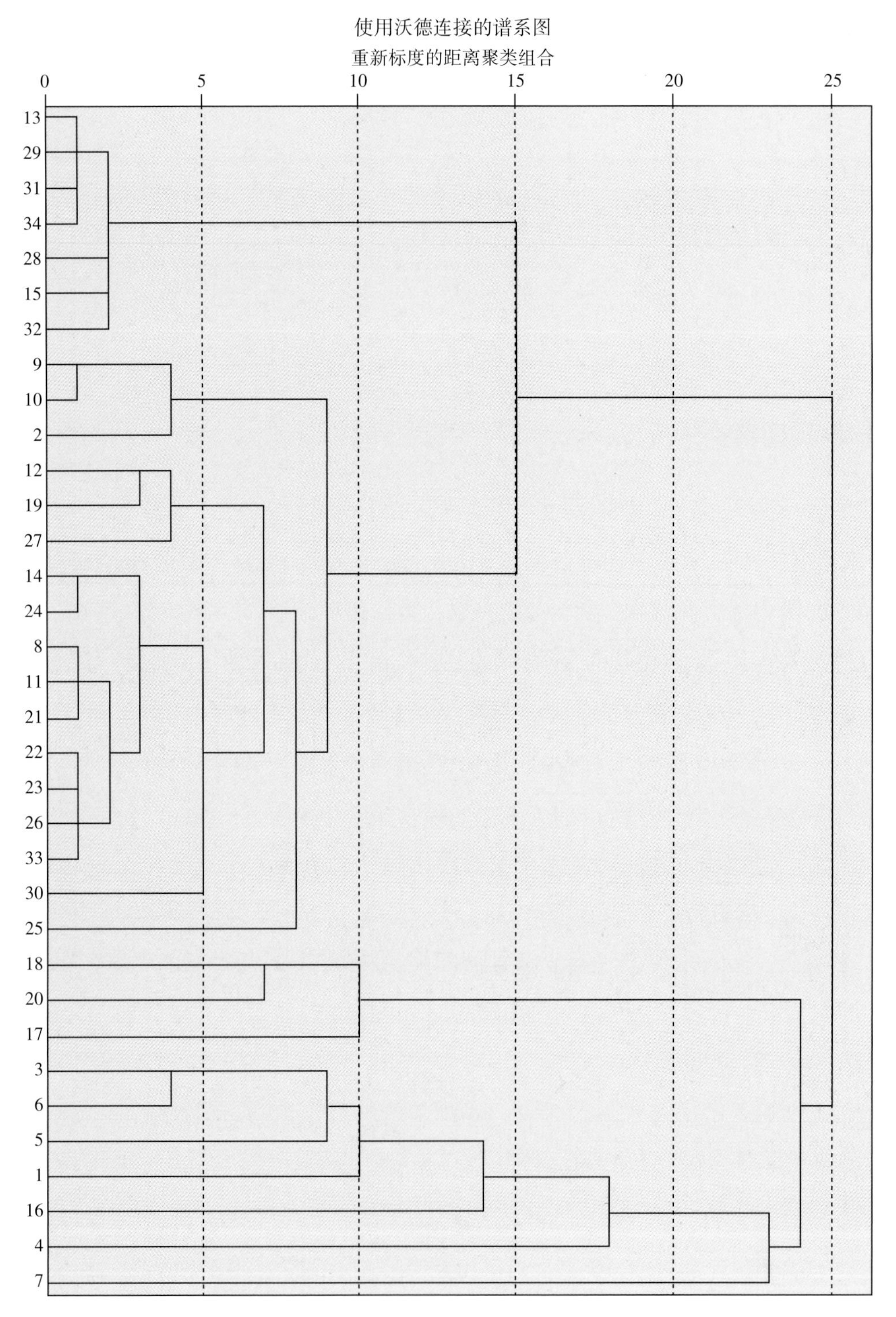

图7-1 群落样地聚类分析

Figure7-1 Cluster analysis of community plots

二、群落物种分布与生境因子关系

本文选取了33个环境因子来探究其与赤水蕈树群落的关系。因环境因子间会存在自相关与多重线性重复等问题，从而影响结果的准确性，本研究利用R 4.3.3中的“corrplot”程序包对33个环境因子进行相关性分析(图7-2)。年平均气温、等温性和年降水量等17个环境因子的相关系数小于0.7，因此将这些因子用于后续分析。

对筛选后的环境因子进行分析，由表7-1、图7-3可知环境因子对赤水蕈树群落物种分布的解释率为44.65%。第一排序轴的解释率为38%，反映了平均气温日较差、等温性、气温季节性变动系数、气温年较差、最湿月降水量、pH、全钾和蔗糖酶等环境因子的变化。第二排序轴的解释率为6.65%，反映了海拔、年平均气温、年降水量、降水量季节性变化、人口密度、坡度、坡向、全氮和全磷等环境因子的变化。由图7-3可知，环境因子中的坡度、蔗糖酶、最湿月降水量和等温性可能是影响赤水蕈树群落分布最主要的因素。根据图中样方分布与环境因子连线长度可知，赤水蕈树群落主要分布在第二和第三象限。群落类型Ⅰ位于排序图的右下方，适宜分布在土壤蔗糖酶含量较高、坡度较大，最湿月降水量较低的区域。群落类型Ⅱ、群落类型Ⅳ位于排序图的左边，适宜分布在坡度、最湿月降水量、等温性和蔗糖酶数值较高的区域。群落类型Ⅲ、群落类型Ⅴ位于排序图左下方，适宜分布在坡度、最湿月降水量和等温性数值较高的区域。群落类型Ⅵ位于排序图左上方，适宜分布在最湿月降水量、等温性数值较高，坡度较小的区域。总体而言，坡度、土壤蔗糖酶、最湿月降水量和等温性对赤水蕈树植物群落分布影响较大。

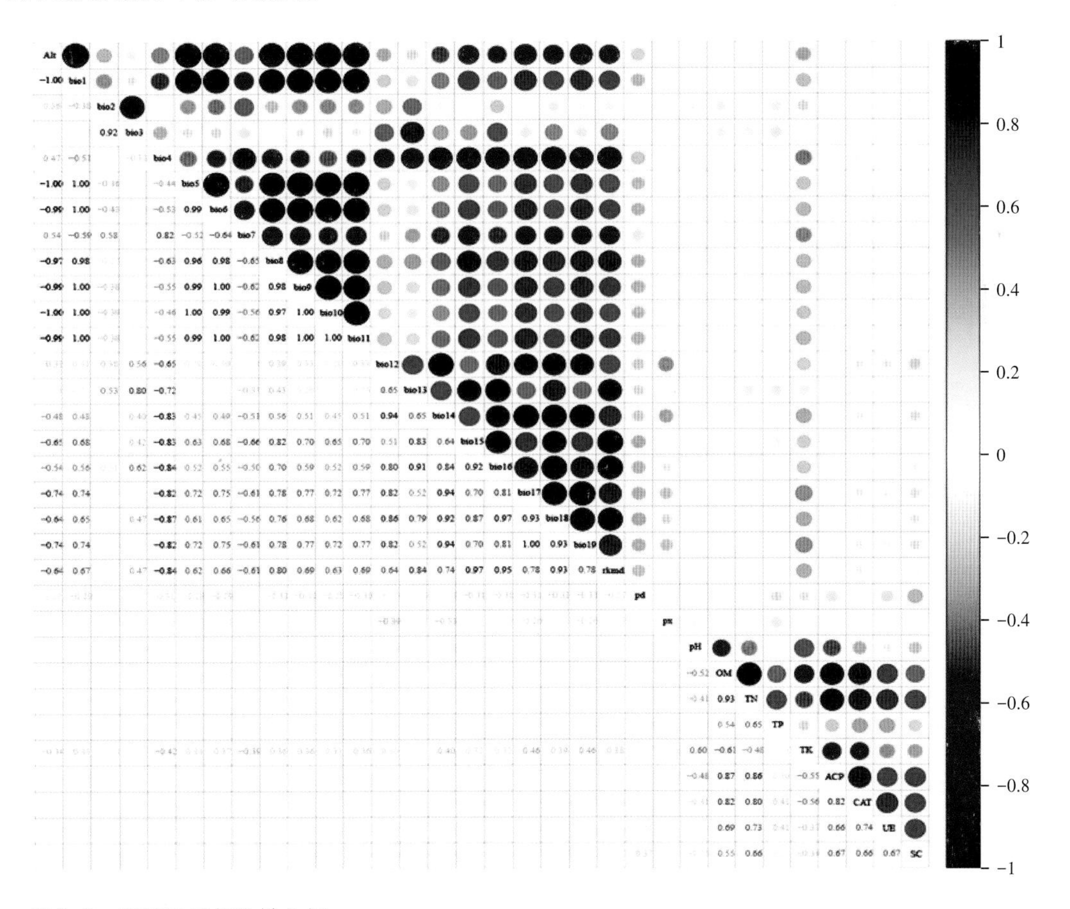

图7-2　环境因子相关性分析

Figure7-2 Correlation analysis of environmental factors

表7-1 环境因子的 Monte Carlo 置换检验

Table7-1 Monte Carlo permutation test of environmental factors

环境因子	轴1	轴2	环境因子	轴1	轴2
Bio13	−0.99	−0.15	Alt	−0.11	−0.99
Bio3	−0.97	0.26	pd	−0.01	−0.99
SC	0.96	−0.30	px	0.14	−0.99
Bio2	−0.94	0.34	Bio1	0.23	0.97
Bio7	−0.89	0.46	Bio12	0.53	0.85
Bio4	−0.85	0.53	TN	0.63	0.78
rkmd	−0.62	−0.78	TK	0.87	−0.48
Bio15	−0.55	−0.83	pH	0.89	−0.46
TP	−0.19	0.98	—	—	—

注:SC,蔗糖酶;TP,全磷;TN,全氮;TK,全钾。

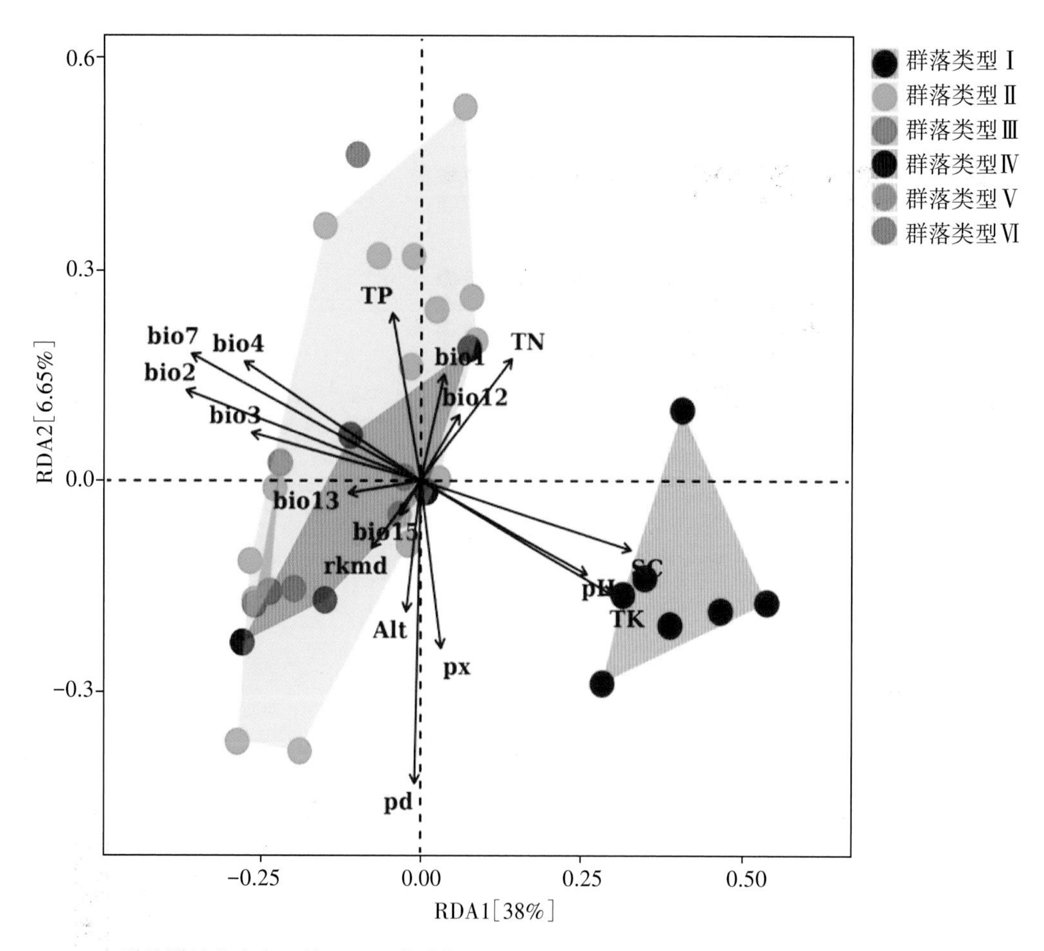

图7-3 群落样地分布与环境因子冗余分析

Figure7-3 Redundancy analysis of community plot distribution and environmental factors

将土壤pH、蔗糖酶、全钾、全氮和全磷归为土壤因子，将海拔、坡度、坡向归类为地形因子，将等温性、年降水量和降水量季节性变化等8个因子归类为气候因子，同时人口密度作为人为干扰因子。由图7-4可知，17个环境因子对群落分布的解释率为35%，其中气候因子占21%，土壤因子占8%，地形因子占6%，说明气候因子是驱动赤水蕈树群落物种分布的主要因子。

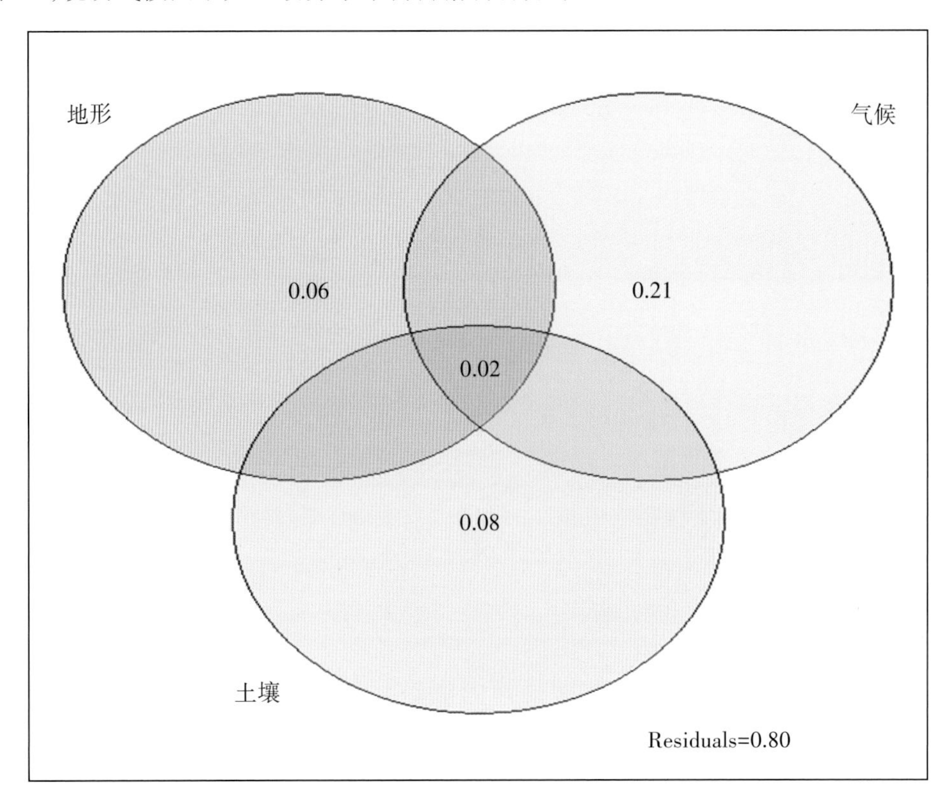

图7-4　气候因子、地形因子及土壤因子对赤水蕈树群落分布解释

Figure7-4 Climatic factors, topographic factors and soil factors to explain the distribution of *Altingia multinervis*

第二节
群落多样性与生境因子的关系

一、地形因子对群落多样性的影响

地形因子对群落多样性的RDA排序结果见表7-2，前2轴特征值分别为0.102和0.004，前2轴累积解释了36.3%的群落多样性与地形因子的关系。第一排序轴主要反映坡度(pd)的变化情况，第二排序轴主要反映坡向(px)的变化情况。由图7-5可知，Shannon-Wiener多样性指数(H)与海拔、坡向呈正相关关系，与坡度呈负相关关系。Simpson多样性指数(D)与海拔表现为正相关，与坡度表现为负相关。Pielou均匀度指数(J)与坡度呈正相关关系，与海拔呈负相关关系。而Margalef丰富度指数(d)与坡度、坡向和海拔均呈负相关关系，与坡度的负相关最强。由此可知，地形因子中坡度是影响赤水蕈树群落Pielou均匀度指数、Margalef丰富度指数的主要因子。坡向是影响赤水蕈树群落Shannon-Wiener多样性指数的主要因子。海拔是影响赤水蕈树群落Simpson多样性指数的主要因子。

表7-2　地形因子对群落多样性影响

Table7-2 Effects of topographic factors on community diversity

地形因子	轴1	轴2	地形因子	轴1	轴2
pd	-0.976	0.219	Alt	0.749	0.662
Eigenvalues	**0.102**	**0.004**	px	-0.028	0.999

注：Eigenvalues，特征值。

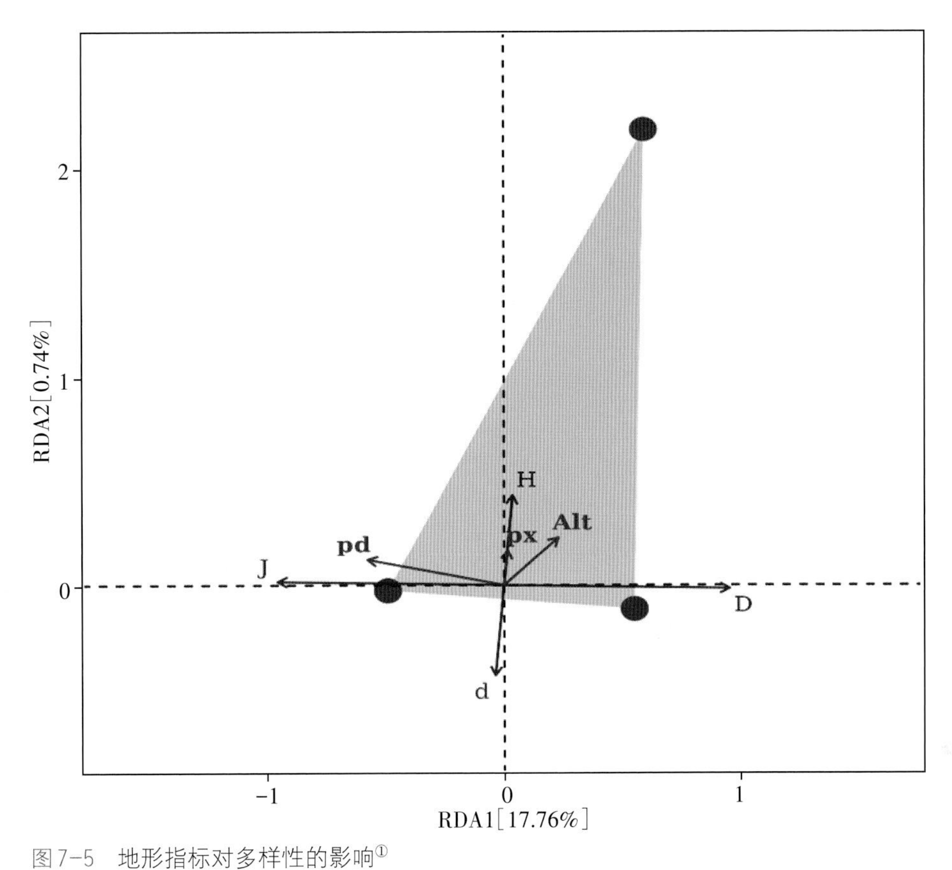

图7-5　地形指标对多样性的影响①

Figure7-5 The influence of topographic indices on diversity

二、气候因子对群落多样性的影响

对19个气候因子进行筛选，将相关性大于0.7的因子去除，保留余下的因子用于CCA分析（表7-3）。CCA排序结果（表7-4）显示，前2轴特征值分别为0.006和0.001，前2轴累积方差贡献率为88%，表明CCA能够较好地描述群落多样性与气候因子之间的关系。以前2轴做CCA排序图发现，与轴1相关性最强的是最湿月降水量（Bio13）、平均气温日较差（Bio2）、等温性（Bio3）和气温年较差（Bio7）。与轴2相关性最强的是气温季节性变动系数（Bio4），相关系数为0.986。除年平均气温（Bio1）、气温季节性变动系数（Bio4）和降水量季节性变化（Bio15）外，其余各项指标均与轴1呈负相关。等温性（Bio3）、气温年较差（Bio7）与轴2呈正相关，最湿月降水量（Bio13）、降水量季节性变化（Bio15）、年降水量（Bio12）和年平均气温（Bio1）与轴2呈负相关。

①因图为软件制作，为保证真实性，图中变量不作斜体、字母大小写处理，后同。——编辑注

表7-3 筛选后的气候变量
Table7-3 Climatic variables after screening

变量	变量描述	单位	变量	变量描述	单位
Bio1	年平均气温	℃	Bio7	气温年较差	℃
Bio2	平均气温日较差	℃	Bio12	年均降水量	mm
Bio3	等温性	—	Bio13	最湿月降水量	mm
Bio7	气温年较差	℃	Bio7	气温年较差	℃

表7-4 气候因子对群落多样性影响
Table7-4 Effects of climatic factors on community diversity

环境因子	轴1	轴2	环境因子	轴1	轴2
Bio1	0.620	-0.785	Bio7	-0.995	0.096
Bio2	-0.996	0.088	Bio12	-0.986	-0.167
Bio3	-0.996	0.086	Bio13	-0.998	-0.070
Bio4	0.164	0.986	Bio15	0.915	-0.403
Eigenvalues	**0.006**	**0.001**	—	—	—

如图7-6所示，与Simpson多样性指数（*D*）呈正相关的指标有年降水量（Bio12）、降水量季节性变化（Bio15）、年平均气温（Bio1）和最湿月降水量（Bio13），其中年降水量（Bio12）与其相关性最强。气温季节性变动系数（Bio4）与Simpson多样性指数（*D*）呈负相关。Shannon-Wiener多样性指数（*H*）与年降水量（Bio12）正相关最强。年平均气温（Bio1）与Shannon-Wiener多样性指数（*H*）的负相关性最强。Pielou均匀度指数（*J*）与年平均气温（Bio1）、降水量季节性变化（Bio15）、年降水量（Bio12）和最湿月降水量（Bio13）呈正相关，而年平均气温（Bio1）及年降水量（Bio12）与其相关性最强。与Pielou均匀度指数（*J*）呈负相关的指标有平均气温日较差（Bio2）、气温年较差（Bio7）和等温性（Bio3）等，其中，平均气温日较差（Bio2）与其相关性最强。Margalef丰富度指数（*d*）与气温季节性变动系数（Bio4）呈正相关，与等温性（Bio3）、气温年较差（Bio7）、年平均气温（Bio1）、年降水量（Bio12）、平均气温日较差（Bio2）和最湿月降水量（Bio13）呈负相关关系，其中年降水量（Bio12）、气温季节性变动系数（Bio4）与Margalef丰富度指数（*d*）相关性最强。

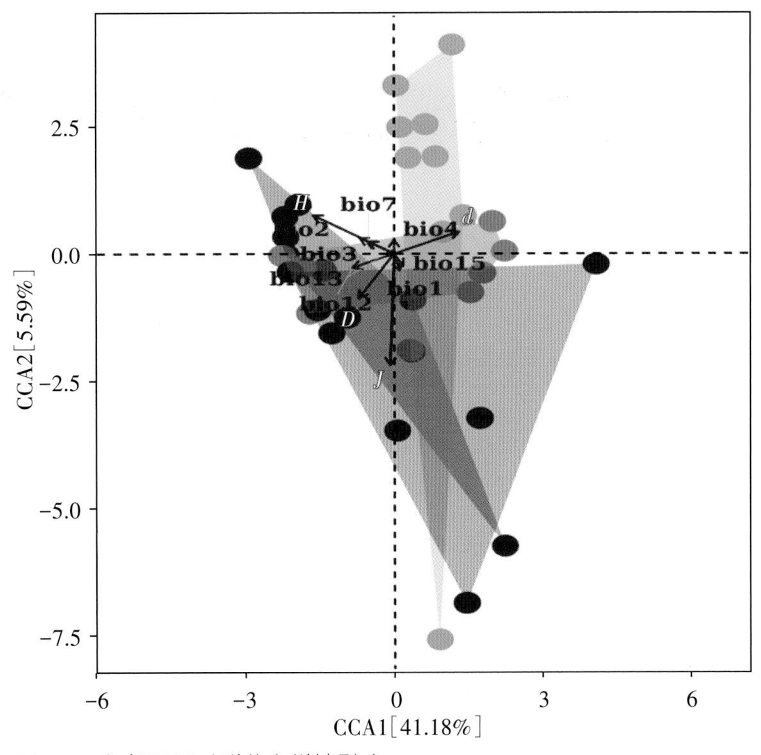

图7-6　气候因子对群落多样性影响

Figure7-6 Effects of climatic factors on community diversity

三、土壤因子对群落多样性的影响

土壤因子对群落多样性的CCA排序结果见表7-5，前2轴特征值分别为0.004和0.003，前2轴累积方差贡献率为70.6%。在第一轴上，土壤全氮、全磷以及真菌Shannon指数等因子均呈正相关，其中土壤真菌Shannon指数的相关性最强，相关系数高达0.955。而在第二轴上，酸性磷酸酶、有机质和全钾的相关性最为显著，相关系数分别为0.999、0.995和0.991。因此，可以认为轴1主要反映土壤真菌Shannon指数变化，轴2反映酸性磷酸酶、有机质和全钾变化。以前2轴绘制CCA排序图，由图7-7可知，Shannon-Wiener多样性指数（H）与蔗糖酶和真菌Shannon指数之间的夹角小于90°，表现为正相关，其中正相关最显著的是蔗糖酶，与土壤pH、全磷、全钾、酸性磷酸酶、过氧化氢酶、脲酶之间的夹角大于90°，表现为负相关，负相关最显著的是土壤pH。Simpson多样性指数（D）与蔗糖酶、全钾、酸性磷酸酶、脲酶表现为正相关，蔗糖酶和酸性磷酸酶与Simpson多样性指数（D）的正相关最显著。Pielou均匀度指数（J）与蔗糖酶、酸性磷酸酶、脲酶、土壤pH、过氧化氢酶和全钾呈正相关关系，其中正相关最显著的是酸性磷酸酶。Pielou均匀度指数（J）与全磷、土壤真菌Shannon指数呈负相关关系。Margalef丰富度指数（d）与全磷、土壤pH、过氧化氢酶呈正相关关系，与全钾、酸性磷酸酶、蔗糖酶、脲酶和土壤真菌Shannon指数呈负相关关系，其中负相关最显著的是蔗糖酶和酸性磷酸酶。总体而言，土壤pH、蔗糖酶和酸性磷酸酶与赤水蕈树群落多样性关联最显著。

表7-5　土壤因子对群落多样性影响

Table7-5 Effects of soil factors on community diversity

土壤因子	轴1	轴2	土壤因子	轴1	轴2
pH	0.864	0.504	TK	0.136	0.991
SC	−0.403	0.915	ACP	0.024	0.999
TN	0.347	0.938	CAT	0.769	0.639
TP	0.733	−0.681	UE	0.191	0.982
Shannon	0.955	−0.297	OM	0.101	0.995
Eigenvalues	**0.004**	**0.003**	—	—	—

注：pH，土壤酸碱度；SC，蔗糖酶；TN，全氮；TP，全磷；Shannon，真菌多样性指数；TK，全钾；ACP，酸性磷酸酶；CAT，过氧化氢酶；UE，脲酶；OM，有机质。

四、环境因子的方差分解

通过方差分解绘制了土壤因子、地形因子和气候因子对赤水蕈树群落多样性的解释比例VPA图，观察它们单独对赤水蕈树群落多样性的解释率。如图7-8所示，上述三组变量对赤水蕈树群落多样性的解释率为71%，其中，土壤因子、地形因子和气候因子的单独解释率分别为41%、11%和19%。由此可知，土壤因子是驱动赤水蕈树群落物种多样性的主要因子。

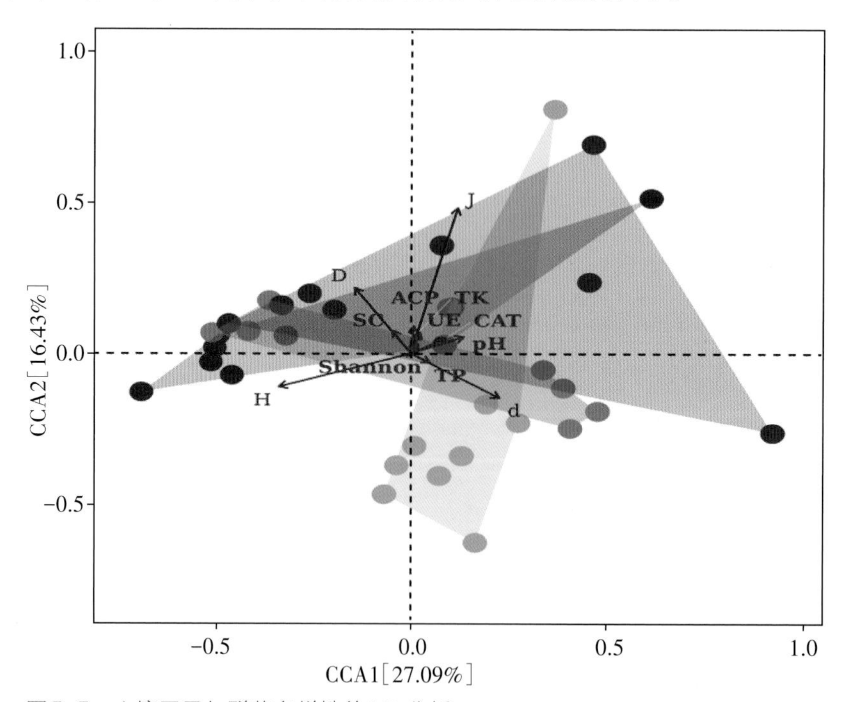

图7-7　土壤因子与群落多样性的CCA分析

Figure7-7 CCA analysis of soil factors and community diversity

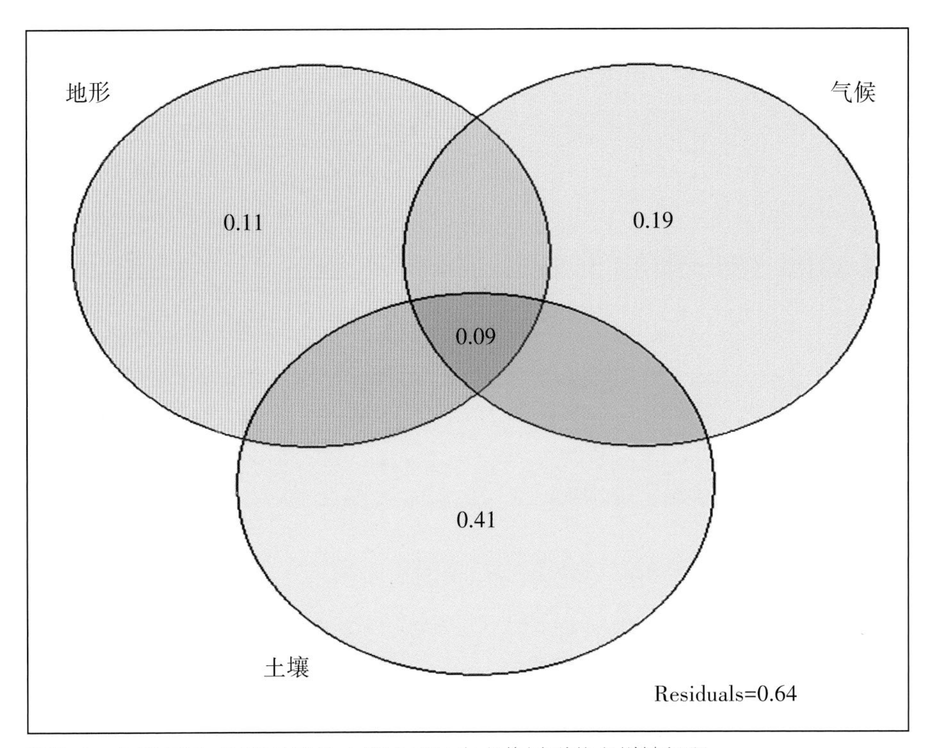

图7-8　气候因子、地形因子及土壤因子对赤水蕈树群落多样性解释

Figure7-8 Climatic factors, topographic factors and soil factors to explain the community diversity of *Altingia multinervis*

第三节
群落与生境因子的响应关系小结

一、环境因子对群落分布的影响

植被分类与排序能够揭示群落结构及其与环境因子之间的关系。使用Ward最小方差聚类法，将研究区域的34个赤水蕈树样地划分为6个群丛。将分类结果结合环境因子进行冗余分析，以排序轴来反映和解释群落之间或群落与环境因子之间的关系。结果表明环境因子对赤水蕈树群落物种分布的解释率为44.65%，其中，坡度、土壤蔗糖酶、最湿月降水量和等温性可能是影响赤水蕈树群落分布的最主要因素。群丛Ⅰ主要分布在土壤蔗糖酶含量较高、坡度较大，最湿月降水量较低的区域。群丛Ⅱ、群丛Ⅳ主要分布在坡度、最湿月降水量、等温性和土壤蔗糖酶数值较高的区域。群丛Ⅲ、群丛Ⅴ主要分布在坡度、最湿月降水量和等温性数值较高的区域。群丛Ⅵ主要分布在最湿月降水量、等温性数值较高，坡度较小的区域。水热条件是影响木本植物分布的关键生物气候因子。而制约赤水蕈树分布的降水因子为最湿月降水量，张雅茜等（2023）对欧李（*Prunus humilis*）分布区的研究中也发现最湿月降水量是影响其群落分布的关键因子。本研究最湿月降水量与群落分布呈显著负相关，这可能是由于夏季水分条件优越，此时过高的降水量反而对植物生长有抑制作用。李一等（2024）对蒙古栎（*Quercus mongolica*）的研究中发现过高的降水量会造成水涝胁迫，抑制植物生长。等温性数值越大说明一年内温度的变化幅度越大，即该年内气候波动性越大。本研究中的等温性与赤水蕈树群落分布呈显著负相关，说明稳定的温度变化环境更有利于赤水蕈树生长。坡度是影响植物的重要因子，植物所需的水分、养分和温度都会受到坡度的影响。赤水蕈树群落分布与坡度呈显著负相关，这可能是由于坡度大的上坡位易受到雨水的冲刷致使养分的流失，进而影响物种分布。土壤中蔗糖酶活性的水平反映了土壤有机碳积累、降解和转化过程的特征。因此，土壤蔗糖酶可以作为评价土壤肥力的关键指标和反映土壤环境变化的响应指标。赤水蕈树群落分布与土壤蔗糖酶呈显著正相关，说明赤水蕈树群落适宜分布在土壤蔗糖酶较高的区域。这可能是由于土壤蔗糖酶是参与土壤碳循环的重要组成部分，能够分解有机质，从而为植物提供能量来源。

二、环境因子对群落多样性的影响

植物群落的形成是物种与物种、物种与环境之间在各种因素影响下长期作用的结果。气候、地形和土壤等环境因子常通过影响水热条件、光照和土壤养分等生态因子的再分配进而影响植物群落。物种多样性指数是群落结构最直接的特征值之一。本研究土壤、地形和气候方差分解结果表明,土壤因子对赤水蕈树群落物种多样性具有主导作用,而气候、地形对群落物种多样性的驱动作用也不容忽视。这一结果与牛一迪等的研究结果一致,即物种多样性的主要影响因子为土壤因子。物种多样性指数对不同的土壤因子会表现出不同的偏好性。前人研究表明,土壤真菌多样性与群落物种多样性有较高相关性,本研究中也发现,土壤真菌Shannon指数与物种多样性呈显著正相关。Margalef丰富度指数(d)能够反映群落内的物种量,本研究中Y17(上磨子园样地)的d值最高,说明该样地赤水蕈树群落物种最为丰富。d与土壤全磷、pH含量呈显著正相关,这与前人研究结论一致,即二者是决定群落物种丰富度的主要土壤因子。Simpson多样性指数(D)可用于评估群落物种数量的分布情况,其数值越大表示物种分布越不均匀,优势种地位越显著。研究结果表明,D与土壤蔗糖酶、酸性磷酸酶呈显著正相关,随着土壤酸性磷酸酶、蔗糖酶含量的升高,D值越大,赤水蕈树分布更集中。因为酸性磷酸酶、蔗糖酶在土壤碳、磷的分解中产生驱动作用,从而为植物生长提供更多碳、磷,满足植物对养分的需求,其活性的高低直接反映土壤碳、磷的转化效率。Pielou均匀度指数(J)反映群落内物种均匀度,与土壤pH和酸性磷酸酶的正相关关系最显著,这与前人研究结论一致。本研究中Y21的J值最高,说明Y21群落内物种分布均匀、结构稳定。Shannon-Wiener多样性指数(H)表示一个群落的复杂程度,群落内的生物种类越多,H越大。本研究中H与蔗糖酶正相关性最强。蔗糖酶是土壤中有机物分解的关键酶,常以其含量来表征土壤生物学活性强度。蔗糖酶活性与土壤肥力呈正相关,土壤肥力越高,酶活性越高。蔗糖酶过低会影响土壤有机碳的积累、分解和转化,影响土壤肥力,进而影响群落物种多样性。

第八章

表型多样性

表型多样性是植物在自然环境影响下最直接的表达产物，是植物多样性的直观体现，是局限于生态环境下的遗传特性，是对环境变化响应最直接的指标。研究表型多样性有助于深入了解物种的稳定性及其在进化过程中的潜在能力。表型多样性是在形态学水平上检测植物遗传多样性最简便易行且快速的方法。天然居群表型性状的变异及多样性，可直观展现居群内变异的程度，为揭示居群适应性提供了有效途径。由于不同生长环境下的植物叶片形态具有较大差异，因此常被用作种间分类和表型变异分析的重要依据；果实性状的变异是探究植物居群特性的核心要素，这些性状往往具备稳定的遗传特性，对植物分类与遗传研究具有不可或缺的指示作用。

目前，关于赤水蕈树表型多样性的研究尚显不足，缺乏全面且深入的讨论。因此，本章节以赤水蕈树不同居群单株作为研究对象，对其表型数据进行统计与分析，利用多重比较、相关性分析、主成分分析和聚类分析等方法从形态学水平上分析其表型性状的变异规律，以期为赤水蕈树的种质资源鉴定及保存提供遗传基础，同时也为优良种质的筛选以及后续定向培育工作提供有力的参考依据。

第一节

表型性状多重比较

对10个居群赤水蕈树表型性状进行多重比较分析可知(表8-1),不同的表型性状在居群间存在显著差异($P<0.05$)。与其他居群相比,磨岩居群的叶宽、中叶厚、叶柄长、单叶鲜重和单叶干重等表型指标值最高,其中叶宽、中叶厚、单叶鲜重和单叶干重与其他居群存在显著差异;尖山居群的上叶厚、下叶厚和蒴果纵径指标值最高,其中蒴果纵径与包家沟居群差异不显著;上磨子园居群的蒴果横径指标值最高,但上叶厚和中叶厚两个指标值均为最低;登子垒、莲花台和红石梁居群的表型指标值整体处于中间水平;天台山居群的表型指标值整体处于较低水平,该居群下叶厚、单叶鲜重、蒴果横径及蒴果纵径均为10个居群中最低。

10个居群赤水蕈树叶长的平均值为135.96 mm,居群间变异幅度达到21.39 mm;叶宽的平均值为54.03 mm,居群间变异幅度达到12.93 mm;上叶厚的平均值为0.31 mm,居群间变异幅度达到0.07 mm;中叶厚的平均值为0.37 mm,居群间变异幅度达到0.10 mm;下叶厚的平均值为0.34 mm,居群间变异幅度达到0.07 mm;叶柄长的平均值为13.92 mm,居群间变异幅度达到9.01 mm;单叶鲜重的平均值为1.58 g,居群间变异幅度达到0.48 g;单叶干重的平均值为0.67 g,居群间变异幅度达到0.24 g;蒴果横径的平均值为22.03 mm,居群间变异幅度达到8.79 mm;蒴果纵径的平均值为20.43 mm,居群间变异幅度达到9.01 mm;果柄长的平均值为37.61 mm,居群间变异幅度达到10.78 mm;蒴果鲜重的平均值为5.78 g,居群间变异幅度达到5.65 g;蒴果干重的平均值为2.85 g,居群间变异幅度达到3.85 g。

表8-1　10个天然居群表型性状指标均值、标准差及多重比较

Table8-1 The mean value, standard deviation and multiple comparison of 10 natural morphological indexes

性状	天台山	磨岩	半水沟	中洞坪	登子垒	莲花台	尖山	包家沟	红石梁	上磨子园	平均值
叶长/mm	134.29±25.58bcd	137.48±15.86abc	146.31±19.57a	131.85±13.92bcd	133.83±29.39bcd	129.16±18.51cd	124.92±13.86d	141.35±15.85ab	140.16±18.08abc	140.24±16.42abc	135.96±20.01
叶宽/mm	50.34±6.26d	62.88±7.54a	49.95±6.96d	55.96±5.89bc	53.24±10.84bcd	51.21±8.39d	51.63±5.99c	56.75±5.92b	54.28±6.22bcd	54.05±6.65bcd	54.03±8.02
上叶厚/mm	0.30±0.04cd	0.33±0.03ab	0.31±0.04bcd	0.29±0.03de	0.32±0.03abc	0.31±0.04bcd	0.34±0.04a	0.29±0.04cde	0.30±0.05cd	0.27±0.03e	0.31±0.04
中叶厚/mm	0.39±0.06b	0.42±0.04a	0.38±0.05bc	0.36±0.05cd	0.36±0.04bcd	0.35±0.04cde	0.39±0.05bc	0.34±0.05de	0.34±0.06de	0.32±0.05e	0.37±0.06
下叶厚/mm	0.31±0.03cd	0.35±0.03abc	0.34±0.04abcd	0.36±0.17ab	0.36±0.04ab	0.35±0.04abcd	0.38±0.04a	0.34±0.06bcd	0.32±0.05bcd	0.31±0.04d	0.34±0.07
叶柄长/mm	11.01±1.95ef	17.82±4.36ab	16.20±4.36bc	13.13±2.39de	14.21±4.01cd	12.60±3.92de	13.92±1.96d	9.51±2.11f	18.52±6.35a	12.32±3.00de	13.92±4.56
单叶鲜重/g	1.37±0.48c	1.85±0.41a	1.54±0.46bc	1.51±0.30bc	1.63±0.55abc	1.46±0.61bc	1.55±0.42bc	1.64±0.34abc	1.68±0.51ab	1.54±0.39bc	1.58±0.47
单叶干重/g	0.62±0.20b	0.84±0.19a	0.65 ± 0.24b	0.62±0.14b	0.70±0.19b	0.67±0.32b	0.62±0.16b	0.71±0.17b	0.70±0.22b	0.60±0.17b	0.67±0.21
蒴果横径/mm	18.42±2.21f	19.22±2.65ef	22.75±2.90bc	18.72±2.32f	20.96±2.52de	21.63±2.92cd	23.71±2.17b	23.45±3.16b	24.21±3.05b	27.21±4.35a	22.03±3.90
蒴果纵径/mm	16.27±2.25d	17.26±2.60d	20.46±3.78bc	16.67±2.46d	20.39±2.34bc	19.67±2.54c	25.28±3.00a	24.5±2.75a	21.58±3.14b	22.20±4.58b	20.43±4.19
果柄长/mm	42.08±9.74a	40.54±9.46ab	38.67±7.11abc	32.29±5.57d	37.83±6.08abcd	36.04±14.89bcd	33.02±8.99cd	34.14±12.97cd	43.07±8.78a	38.45±6.80abc	37.61±9.99
蒴果鲜重/g	3.69±1.28fg	4.50±1.54ef	4.83±1.72de	3.43±1.15g	6.22±1.30bc	4.40±1.19efg	9.00±1.83a	9.08±2.38a	7.15±2.21b	5.69±1.42cd	5.78±2.54
蒴果干重/g	1.76±0.89cd	2.17±1.03bcd	2.12±1.17bcd	1.58±0.88d	2.62±1.11b	2.39±1.4bc	5.35±1.70a	5.43±2.06a	2.84±1.08b	2.19±0.55bcd	2.85±1.81

注：表中数据为平均值±标准差，同行不同小写字母表示不同居群间在0.05水平上存在显著差异。

第二节

表型性状变异特征

赤水蕈树13个表型性状在居群间和居群内均呈现出极显著差异($P<0.01$)(表8-2)。赤水蕈树同一表型性状在不同居群间的变异幅度以及同一居群内各个性状的变异程度都有所不同(表8-3),下叶厚在中洞坪居群中变异系数为47.18%,在磨岩居群中仅为7.71%,差值最大(39.47%);蒴果横径在上磨子园居群中变异系数为15.97%,在尖山居群中为9.16%,差值最大(6.81%);中洞坪居群中蒴果干重和上叶厚差值最大(46.45%)。

13个性状变异范围为7.71%～58.69%,平均变异系数(CV)为21.26%>10%,表明赤水蕈树表型性状的离散程度相对较高,其中最小的是上叶厚(12.34%),其次是蒴果横径、叶宽、叶长和中叶厚;平均变异系数最大的是蒴果干重(44.27%),其次是单叶干重和蒴果鲜重,营养器官的(CV)均值(18.94%)小于繁殖器官(24.96%)。10个居群中莲花台居群平均变异系数最大,尖山居群平均变异系数最小;赤水蕈树不同居群间的表型性状在居群内和居群间的差异极显著($P<0.01$),说明赤水蕈树表型性状在居群间和居群内具有广泛的差异。

表8-2 居群间和居群内表型性状方差分析

Table8-2 Variance analysis of phenotypic traits among and within populations

性状	均方				F值	
	居群间	居群间误差	居群内	居群内误差	居群间	居群内
叶长	1 467.29	372.92	2 554.10	211.08	3.93**	12.10**
叶宽	536.38	52.10	457.58	29.68	10.29**	15.42**
上叶厚	0.01	0.001	0.01	0.001	9.28**	12.15**
中叶厚	0.03	0.003	0.02	0.002	11.08**	9.72**
下叶厚	0.02	0.005	0.01	0.004	4.00**	3.57**
叶柄长	298.24	13.67	157.85	8.76	21.81**	18.01**
单叶鲜重	0.62	0.21	1.50	0.19	2.96**	13.78**
单叶干重	0.18	0.04	0.33	0.02	4.26**	15.37**
蒴果横径	280.63	8.35	100.19	7.71	33.61**	13**

续表

性状	均方				F值	
	居群间	居群间误差	居群内	居群内误差	居群间	居群内
蒴果纵径	346.45	9.14	119.43	8.64	37.92**	13.82**
果柄长	496.64	89.67	460.97	68.14	5.54**	6.76**
蒴果鲜重	150.63	2.73	53.88	2.27	55.21**	23.76**
蒴果干重	69.59	1.58	26.95	1.21	44.00**	22.33**

注:“**”表示极显著差异(P<0.01)。

表8-3　10个居群表型变异系数

Table8-3 Phenotypic variation coefficient of 10 populations

单位:%

性状	天台山	磨岩	半水沟	中洞坪	登子垒	莲花台	尖山	包家沟	红石梁	上磨子园	平均值
叶长	19.05	11.54	13.37	10.56	21.96	14.33	11.10	11.21	12.90	11.71	13.77
叶宽	12.44	11.99	13.94	10.52	20.36	16.38	11.60	10.44	11.45	12.30	13.14
上叶厚	15.04	10.33	11.73	9.43	7.99	12.99	12.59	13.51	17.43	12.34	12.34
中叶厚	14.56	9.78	12.10	15.34	11.61	11.89	12.77	14.91	18.72	16.91	13.86
下叶厚	11.04	7.71	10.99	47.18	9.99	10.81	11.77	18.05	15.92	13.33	15.68
叶柄长	17.73	24.49	26.92	18.20	28.25	31.15	14.11	22.20	34.29	24.35	24.17
单叶鲜重	35.15	22.22	30.09	20.14	33.83	41.62	27.28	20.97	30.40	25.48	28.72
单叶干重	31.72	22.78	36.65	22.28	26.87	48.20	26.31	24.02	31.22	28.53	29.86
营养器官均值	19.59	15.11	19.47	19.21	20.11	23.42	15.94	16.91	21.54	18.12	18.94
蒴果横径	12.01	13.80	12.75	12.42	12.04	13.50	9.16	13.46	12.59	15.97	12.77
蒴果纵径	13.83	15.06	18.46	14.75	11.46	12.89	11.86	11.22	14.55	20.62	14.69
果柄长	23.14	23.34	18.38	17.25	16.07	41.31	27.22	37.99	20.38	17.69	24.28
蒴果鲜重	34.71	34.27	35.49	33.41	20.89	26.92	20.38	26.17	30.97	24.89	28.81
蒴果干重	50.56	47.26	55.35	55.88	42.28	58.69	31.78	38.02	37.94	24.93	44.27
繁殖器官均值	26.85	26.74	28.09	26.74	20.55	30.66	20.08	25.37	23.29	20.82	24.96
平均值	22.38	19.58	22.79	22.10	20.28	26.21	17.53	20.17	22.21	19.16	

第三节

表型性状多样性

Shannon-Wiener多样性指数反映不同表型性状的丰富及均匀程度。从多样性指数结果可以看出赤水蕈树资源形态多样性较丰富(图8-1),13个表型性状的平均Shannon多样性指数在5.71 ~ 5.88之间,平均值为5.85,从大到小依次为叶长、叶宽、上叶厚(5.88)>中叶厚、下叶厚、蒴果横径、蒴果纵径(5.87)>果炳长(5.85)>叶柄长、单叶鲜重、单叶干重(5.84)>蒴果鲜重(5.79)>蒴果干重(5.71)。

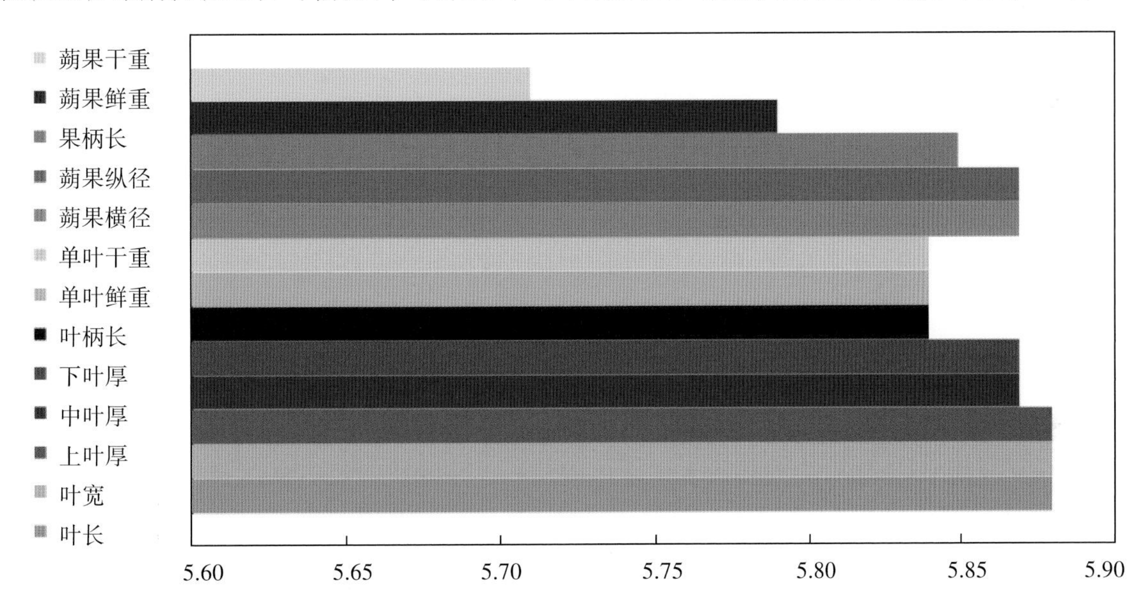

图8-1 表型性状Shannon多样性指数(H)

Figure8-1 Shannon diversity index (H) of phenotypic traits

第四节
表型性状间相关性

对植物表型性状进行相关性分析可以揭示各个性状之间的相互影响关系。对赤水蕈树13个表型性状指标进行皮尔逊相关性分析可知(图8-2),赤水蕈树各表型性状间大多存在极显著或显著相关性。其中果柄长仅与下叶厚呈极显著相关($P<0.01$),而单叶干重与叶宽、叶长、单叶鲜重、叶柄长、下叶厚、中叶厚和上叶厚都呈极显著相关,相关个数最多;叶长与叶宽、叶柄长、单叶鲜重和单叶干重相互之间存在极显著正相关($P<0.01$),相关性系数分别为0.59、0.22、0.69和0.63;蒴果横径与蒴果纵径、蒴果鲜重和蒴果干重都呈极显著正相关($P<0.01$),相关性系数分别为0.73、0.61和0.41;中叶厚与蒴果横径、蒴果纵径以及蒴果鲜重存在极显著负相关,相关性系数分别为-0.22、-0.14和-0.15,说明赤水蕈树营养器官和繁殖器官性状之间存在相互影响,具有紧密的关联性。

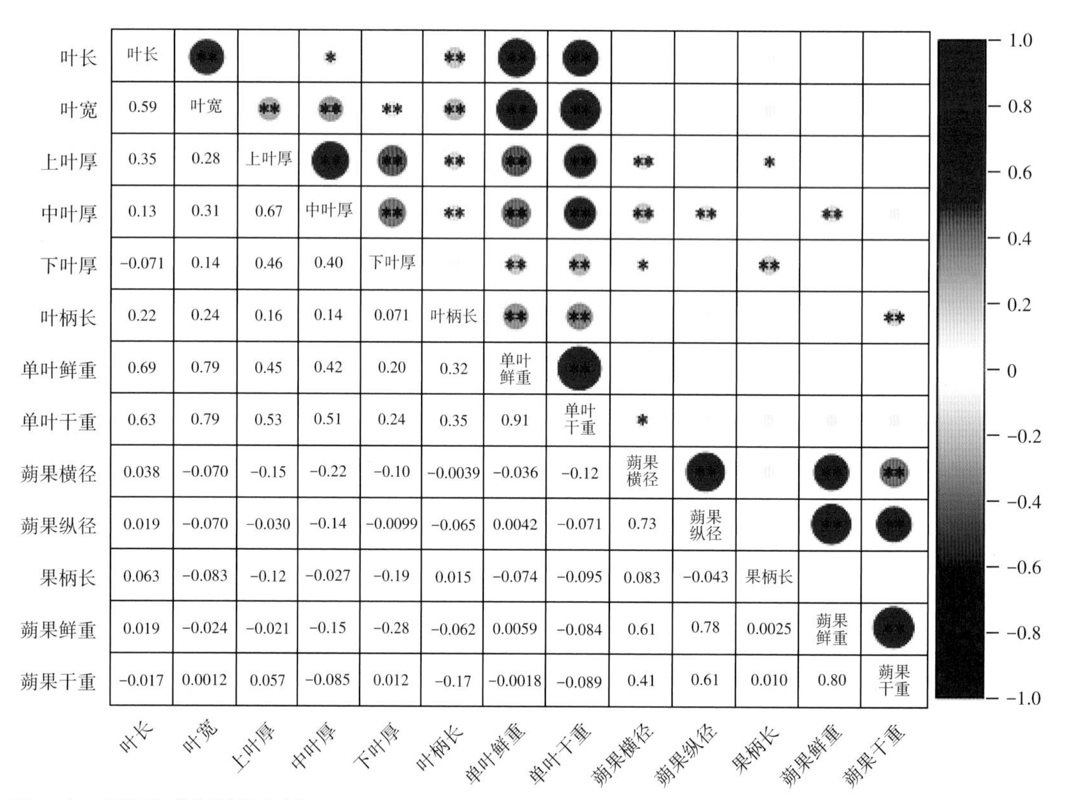

图8-2 表型性状相关性分析

Figure8-2 Correlation analysis of phenotypic traits

注:“**”表示极显著差异($P<0.01$),“*”表示显著差异($P<0.05$)。

第五节

表型性状主成分分析与综合评价

对赤水蕈树13种表型性状的原始数据进行主成分分析(图8-3),以特征值大于1为筛选标准,共提取出4个主成分,贡献率分别为30.8%、22.7%、13.0%和7.7%,4个主成分的累计贡献率为74.2%,能够较好地替代原始性状的绝大部分信息。第一主成分的特征值为4.00,方差贡献率为30.8%,其中叶长、叶宽、上叶厚、中叶厚、下叶厚、叶柄长、单叶鲜重和单叶干重等叶片性状起主导作用,载荷值分别为0.60、0.79、0.64、0.65、0.37、0.41、0.88和0.93,主要反映赤水蕈树的营养器官表型;第二主成分的特征值为2.95,方差贡献率为22.7%,起主导作用的前三名分别为蒴果鲜重、蒴果纵径和蒴果干重,载荷值分别为0.89、0.86和0.78,主要反映赤水蕈树的繁殖器官表型;第三主成分的特征值为1.69,贡献率为13.0%,下叶厚、上叶厚和中叶厚是其主要指标,载荷值分别为0.67、0.60和0.49,主要反映营养器官表型;第四主成分的特征值为1.01,贡献率为7.7%,起主导作用的性状为果柄长,载荷值为0.90,主要反映繁殖器官表型(表8-4)。这些数据表明赤水蕈树叶部性状与果实性状共同对变异起作用。

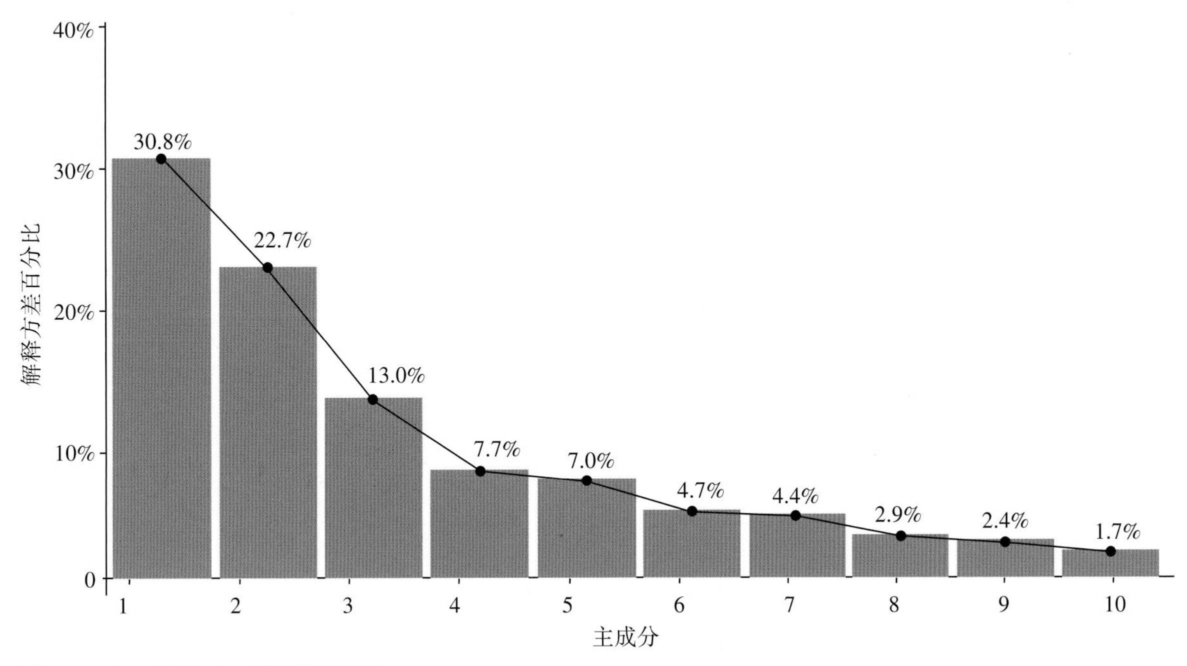

图8-3　表型性状对居群变异贡献率

Figure8-3 Contribution rate of phenotypic traits to population variation

表8-4 居群表型性状主成分分析

Table8-4 Principal component analysis of population phenotypic traits

表型性状	主成分			
	PC1	PC2	PC3	PC4
叶长	0.60	0.27	−0.57	−0.06
叶宽	0.79	0.23	−0.27	−0.15
上叶厚	0.64	0.11	0.60	0.19
中叶厚	0.65	−0.03	0.49	0.29
下叶厚	0.37	0.03	0.67	−0.04
叶柄长	0.41	0.03	−0.19	0.19
单叶鲜重	0.88	0.30	−0.20	−0.06
单叶干重	0.93	0.20	−0.11	−0.03
蒴果横径	−0.30	0.74	−0.11	0.09
蒴果纵径	−0.27	0.86	0.09	−0.02
果柄长	−0.12	−0.01	−0.31	0.90
蒴果鲜重	−0.28	0.89	0.09	0.01
蒴果干重	−0.23	0.78	0.19	0.02
特征值	4.00	2.95	1.69	1.01

对10个赤水蕈树居群进行综合评分，将标准化后的13个表型性状代入上述主成分，可得到如下关系式：$F_1 = 0.60X_1 + 0.79X_2 + 0.64X_3 + 0.65X_4 + 0.37X_5 + 0.41X_6 + 0.88X_7 + 0.93X_8 - 0.30X_9 - 0.27X_{10} - 0.12X_{11} - 0.28X_{12} - 0.23X_{13}$；$F_2 = 0.27X_1 + 0.23X_2 + 0.11X_3 - 0.03X_4 + 0.03X_5 + 0.03X_6 + 0.30X_7 + 0.20X_8 + 0.74X_9 + 0.86X_{10} - 0.01X_{11} + 0.89X_{12} + 0.78X_{13}$；$F_3 = -0.57X_1 - 0.27X_2 + 0.60X_3 + 0.49X_4 + 0.67X_5 - 0.19X_6 - 0.20X_7 - 0.11X_8 - 0.11X_9 + 0.09X_{10} - 0.31X_{11} + 0.09X_{12} + 0.19X_{13}$；$F_4 = -0.06X_1 - 0.15X_2 + 0.19X_3 + 0.29X_4 - 0.04X_5 + 0.19X_6 - 0.06X_7 - 0.03X_8 + 0.09X_9 - 0.02X_{10} + 0.09X_{11} + 0.01X_{12} + 0.02X_{13}$；综合评价评分公式 $F = [\lambda_1/(\lambda_1 + \lambda_2 + \lambda_3 + \lambda_4)]F_1 + [\lambda_2/(\lambda_1 + \lambda_2 + \lambda_3 + \lambda_4)]F_2 + [\lambda_3/(\lambda_1 + \lambda_2 + \lambda_3 + \lambda_4)]F_3 + [\lambda_4/(\lambda_1 + \lambda_2 + \lambda_3 + \lambda_4)]F_4$，其中$\lambda_1$、$\lambda_2$、$\lambda_3$、$\lambda_4$为四个主成分对应的特征值，根据$F_1$、$F_2$、$F_3$、$F_4$的数值和主成分特征值贡献权重（0.41、0.31、0.18和0.10），由每个居群的综合评分公式$F = 0.41F_1 + 0.31F_2 + 0.18F_3 + 0.10F_4$可计算出综合评分$F$值。

通过10个赤水蕈树居群表型性状的综合评分可知，磨岩综合评分最高（24.50），天台山综合评分最低（−21.75），即磨岩的综合表现最好，天台山的综合表现最差。综合评分排在前5位的分别是磨岩、尖山、包家沟、红石梁和莲花台，得分分别为24.50、23.57、11.84、5.02和3.91，明显高于其他居群（表8-5）。

表8-5 不同居群表型性状综合评分

Table8-5 Comprehensive score of phenotypic traits of different populations

居群	F_1	F_2	F_3	F_4	综合得分	排名
磨岩	73.97	−26.58	0.18	18.41	24.50	1
尖山	−17.84	69.45	56.20	−1.44	23.57	2
包家沟	−20.42	74.49	0.56	−24.6	11.84	3
红石梁	−0.63	26.91	−28.72	19.79	5.02	4
莲花台	6.95	−2.20	8.69	1.63	3.91	5
半水沟	3.96	−10.94	−6.60	11.20	−1.69	6
登子垒	−10.61	−24.22	9.44	−5.75	−10.78	7
上磨子园	−35.49	18.77	−37.31	−8.11	−16.38	8
中洞坪	7.20	−60.42	−0.10	−26.04	−18.22	9
天台山	−7.11	−65.26	−2.33	14.94	−21.75	10

第六节

表型性状适应性分析

通过主成分分析发现，在第一主成分中单叶干重和单叶鲜重是其主要指标，载荷值分别为0.93和0.88，第二主成分中蒴果鲜重是其主要指标，载荷值为0.89（图8-4）。说明单叶干重、单叶鲜重和蒴果鲜重对不同居群赤水蕈树表型性状影响较大，可作为赤水蕈树种质资源的评价指标。以这三个指标对10个居群进行分析发现，3个性状在不同居群间均存在不同程度的显著差异（图8-5）。

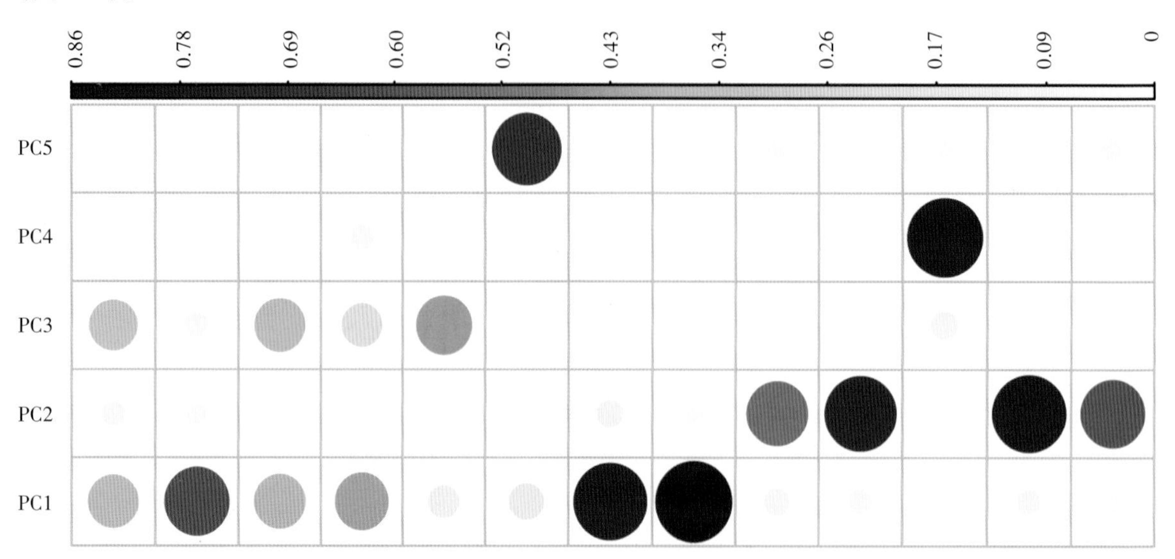

图8-4 基于13个表型性状的主成分分析

Figure8-4 Principal component analysis based on 13 phenotypic traits

注：颜色越深表明该性状在当前主成分中载荷值越大。

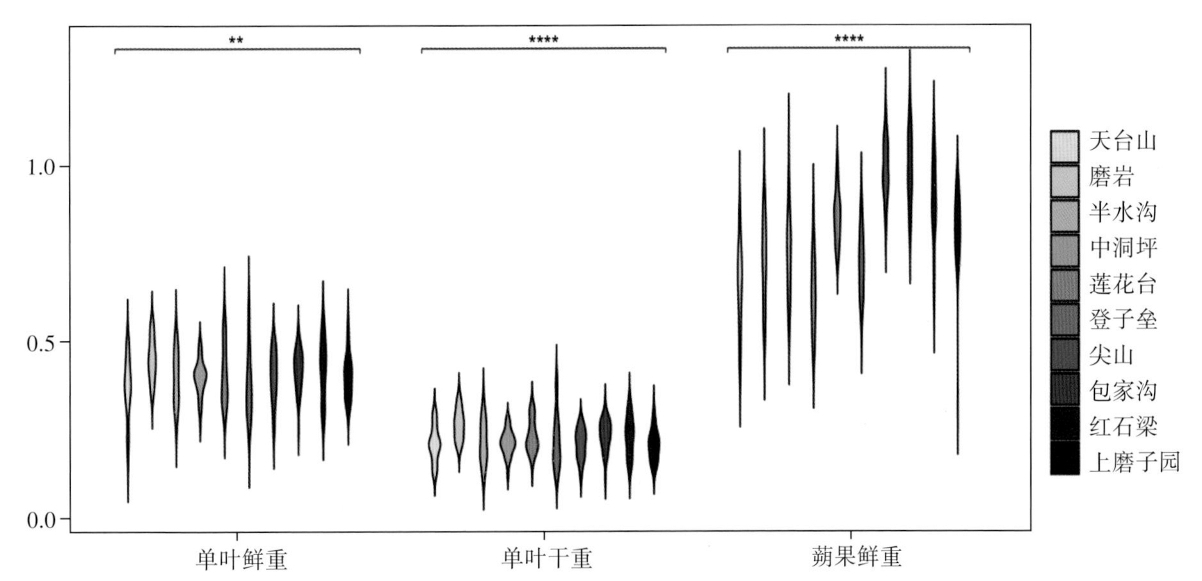

图8-5 关键性状对不同居群适应性

Figure8-5 Adaptability of key traits to different populations

注:“*”个数多少表示显著差异程度高低。

第七节

表型性状聚类分析

对赤水蕈树10个居群进行聚类分析可知(图8-6),在平方欧氏距离为20时,10个居群根据13个性状可分为3个类群。第Ⅰ类群包括登子垒、莲花台、上磨子园、红石梁、半水沟和天台山6个居群,均分布于海拔850 m以上的陡坡山林中,环境相似度较高而聚为一支;第Ⅱ类群包括尖山和包家沟2个居群,均位于山脚,坡度较平缓且干扰强度较大;第Ⅲ类群为磨岩和中洞坪居群,均分布于山坡中上部,坡向西北方向,紧挨村庄,人为干扰强度相对较强。

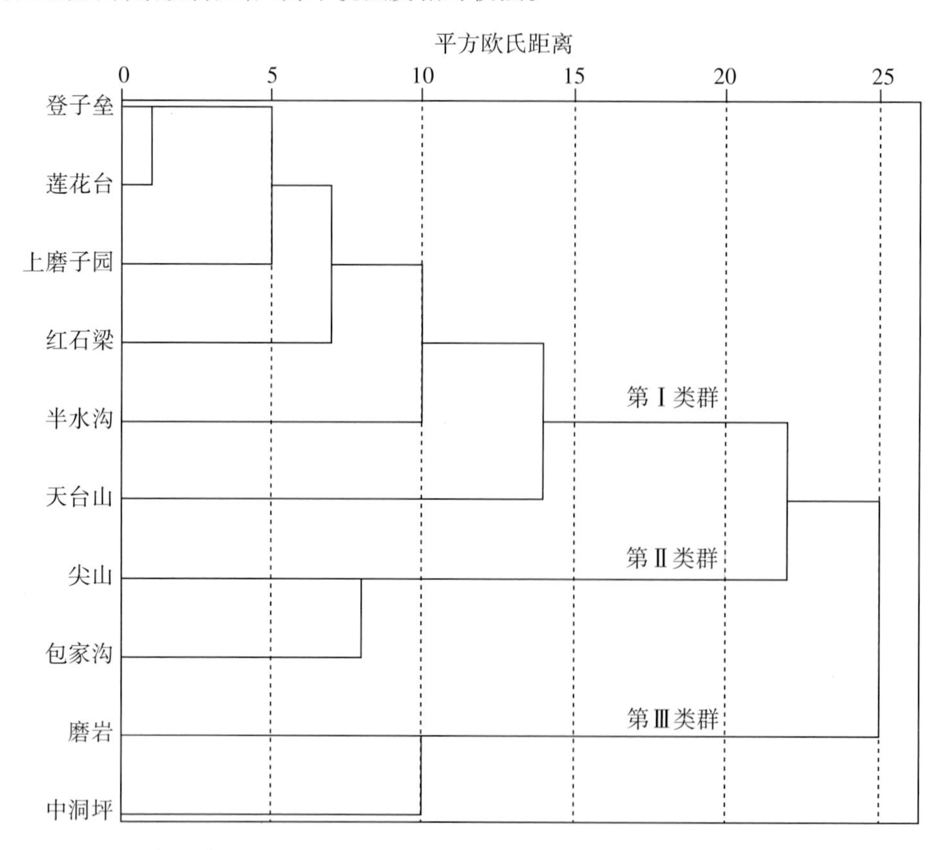

图8-6 基于表型性状的赤水蕈树居群聚类关系

Figure8-6 Cluster diagram of *Altingia multinervis* populations based on phenotypic traits

第八节

表型多样性小结

植物的表型多样性是基因与环境交互作用的反映，不同生境下植株个体表型会发生变异，这种表型可适应性地根据其基因对环境的调整而变化。相关研究不仅是揭示遗传多样性的基本方法，还能够在某种程度上反映物种的遗传多样性水平。本章节针对10个赤水蕈树居群的13个表型性状，进行了相应的统计和分析。方差分析结果表明，10个赤水蕈树居群的13个表型性状在不同的居群内和居群间总体上具备显著性差异，表现出10个赤水蕈树居群的表型性状遗传多样性相对丰富、可遗传性强的特点，具有培育优质赤水蕈树的基础。

表型变异系数是衡量表型性状离散程度的一个指标，其值越大，表示表型性状的离散程度越高。赤水蕈树10个居群内，不同性状的变异系数存在差异，13个表型性状的变异范围为7.71%～58.69%，平均变异系数（CV）为21.26%，其中营养器官的CV均值（18.94%）<繁殖器官（24.96%），可见，果实的整体变异程度较大，叶片变异程度较小，表明表型性状变异中，繁殖器官的变异较大，推测繁殖器官受生长环境和地理条件的影响较大。13个表型性状的CV均值为21.26%，高于贵州赤水特有濒危植物小黄花茶（*Camellia luteoflora*）（10.22%），低于同科植物枫香树（27.01%）。相关研究表明，植物群体的变异程度可作为其对不同环境适应能力的指标。一般而言，变异系数越大，植物的适应能力范围越广。根据平均变异系数比较结果，赤水蕈树低于同科的广布植物枫香树，这表明赤水蕈树相对适生能力可能较弱。这一发现与赤水蕈树作为黔北特有植物的性质相符。

Shannon-Wiener多样性指数是衡量不同表型特征的丰富程度及其分布均匀性的重要指标。在研究中，通过对赤水蕈树的10个居群进行分析发现，13个表型性状的Shannon-Wiener多样性指数在5.71～5.88之间，均值为5.85，该值高于濒危植物云南黄连（*Coptis teeta*）（1.634～1.839）和濒危植物赤皮青冈（*Quercus gilva*）（均值1.998）。因此，可以认为赤水蕈树的多样性处于中等水平。此外，通过对10个赤水蕈树居群进行主成分和综合评价分析，共得到4个主成分，累计贡献率为74.20%，通过计算赤水蕈树各居群综合性状得分可知，磨岩居群表现最优，尖山次之，天台山表现最差，可为后续赤水蕈树遗传改良提供重要的参考依据，进而根据育种目标精选合适的育种材料。

第九章

花、果繁殖特性

植物种群数量特征能够反映种群规模大小及时空变化规律，是植物种群个体生存与繁殖的数量基础。植物开花结实是其自然更新的必要基础。繁殖作为生物维持种族延续和繁衍后代的基础行为，对种群的形成、发展与进化起着至关重要的作用。同时，生物群落的形成和生态系统的演变都离不开繁殖的参与。研究繁殖特性有助于解释物种在当前或未来环境变异及异质性下的繁殖能力和潜在繁殖能力。高等植物的繁殖方式主要为有性生殖，对于生物群落和生态系统的构建起着基础性作用。研究濒危植物的繁殖特性是探究其濒危原因的重要环节，如今已成为国内外学者研究珍稀濒危植物保护生物学的热点。了解植物繁殖过程的动态情况，可以评估濒危植物的存活能力，是当前濒危植物资源保护的重要研究内容，有助于探究其濒危机制并科学保护该物种资源。

鉴于赤水蕈树的濒危现状，深入研究其繁殖特性显得尤为重要，有助于揭示其繁殖特性、交配系统及植物繁育阶段的生态环境因素对其繁殖和种群自然更新的响应机制。因此，本章节基于对赤水蕈树花和果繁殖特性的分析，从花部和果部形态特征、花期物候、繁育系统、花粉活力以及传粉等重要方面进行全面研究，旨在了解赤水蕈树在生活史过程中所受的限制因素，并进一步探究其濒危原因。

第一节

花、果部特征

赤水蕈树为单性花，雌雄同株，无花瓣（图9-1 A）；雄花呈短穗状花序排列，通常多个排成圆锥花序，其花序柄带有短柔毛，雄蕊较多，基本无柄（图9-1 B）；雌花排成头状花序，具较长花序柄（图9-1 C）；萼筒与子房合生，花药倒卵形，先端平截，共有2室，沿纵向裂开（图9-1 D）。头状果序圆球形，直径2 cm左右，蒴果10 ~ 18个，果序柄长2.0 ~ 3.5 cm，蒴果几乎全部藏在头状果序轴内，无宿存花柱，种子数量多且体积较小（图9-2）。

图9-1　赤水蕈树花部特征

Figure9-1 Flower characteristics of *Altingia multinervis*

注：A. 花；B. 雄花序；C. 雌花序；D. 雌雄花序剖面。

图9-2　赤水蕈树果部特征

Figure9-2 Fruit characteristics of *Altingia multinervis*

注:A.果枝叶;B.果特写;C.果枝;D.果实及种子。

第二节

开花结实动态观察

于2023年4月至2023年9月对赤水蕈树的10个居群进行开花结实情况记录和开花动态观察。赤水蕈树为常绿乔木，一年开花一次，集中在每年的3—4月，根据其开花过程，将其发育过程分为3个时期，分别为始花期、盛花期和末花期（表9-1），赤水蕈树的开花高峰期在4月中上旬，两观测地群体花期平均约为24 d，开花进程均呈现单峰曲线模式；结实高峰期在9月中旬，果期持续50 d左右，于10月下旬果实基本脱落。

表9-1 开花结果进程

Table9-1 Flowering and fruiting process

观测项目	莲花台	磨岩
始花期	2023年3月23日	2023年3月27日
盛花期	2023年4月5日	2023年4月8日
末花期	2023年4月16日	2023年4月20日
果实成熟	2023年9月10日	2023年9月14日
果实开始脱落	2023年10月18日	2023年10月21日
基本脱落	2023年10月29日	2023年11月1日

赤水蕈树10个居群累计2 017株，开花结实的仅有198株，开花结实率约9.82%，各居群开花结实率从大到小依次为尖山（15.79%）、磨岩（13.64%）、莲花台（12.30%）、中洞坪（11.73%）、天台山（9.15%）、包家沟（8.96%）、上磨子园（8.70%）、登子垒（8.65%）、红石梁（7.84%）和半水沟（5.19%），自然状态下赤水蕈树的开花结实率均较低（表9-2）。

表9-2 开花结实情况

Table9-2 Flowering and fruiting

居群	株数/株	开花结实株数/株	开花结实率/%
天台山	153	14	9.15
磨岩	66	9	13.64
半水沟	270	14	5.19

续表

居群	株数/株	开花结实株数/株	开花结实率/%
中洞坪	179	21	11.73
莲花台	439	54	12.30
登子垒	185	16	8.65
尖山	114	18	15.79
包家沟	67	6	8.96
红石梁	153	12	7.84
上磨子园	391	34	8.70
合计	2017	198	9.82

第三节

花粉形态及活力

成熟的赤水蕈树花粉淡黄色，花粉粒小且不组成团块，圆球形，直径在30 ~ 40 μm之间（图9-3 A、B），花粉表面有多个直径在5 ~ 10 μm的萌发孔，且具不规则颗粒状纹饰，纹饰突起结构高度约为1 ~ 3 μm（图9-3 C），颗粒的不规则排列形成大小不一的孔隙（图9-3 D）。将观察开花进程的莲花台和磨岩两个居群的花粉分别用TTC染液处理1 h，均被染成红色，表明这两个居群的花粉均具有较强的活力（图9-4）。

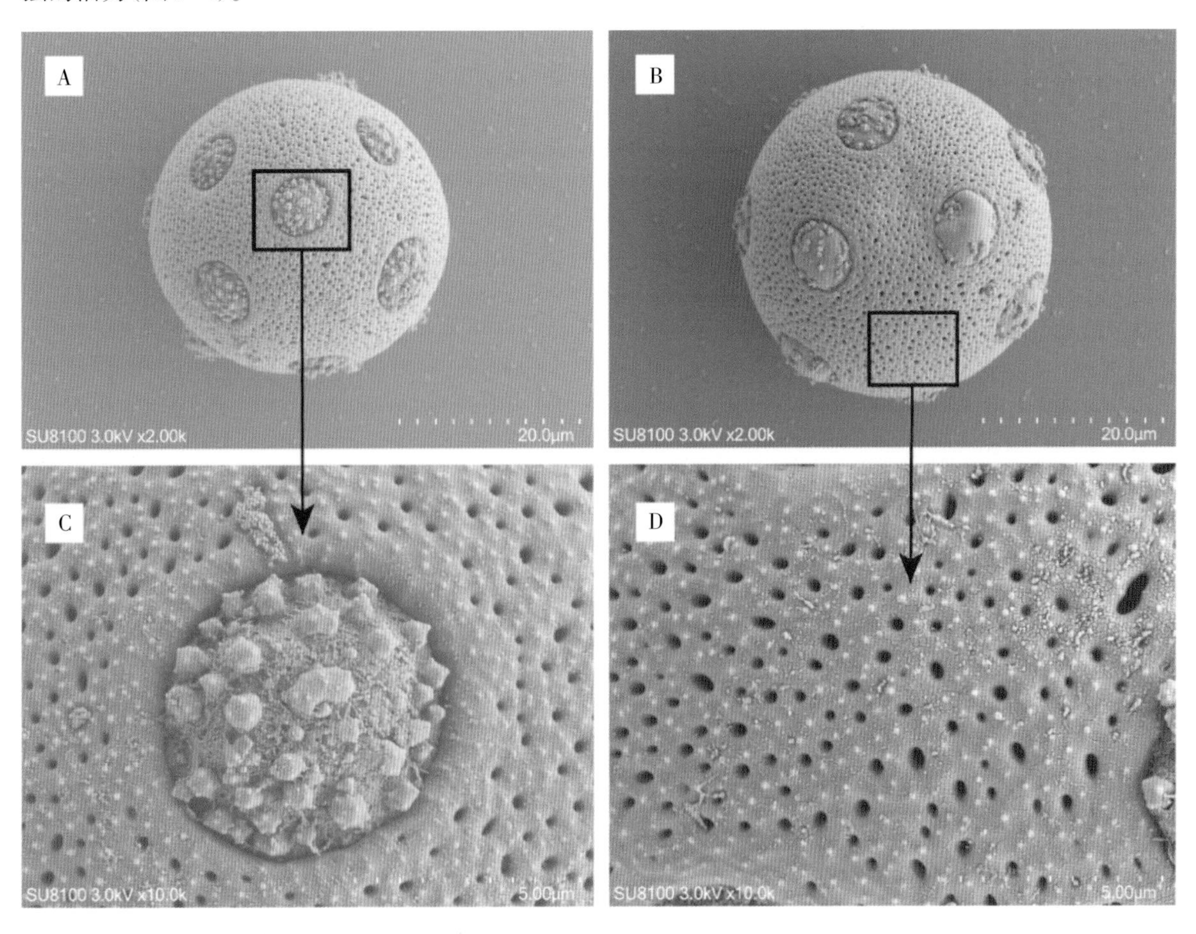

图9-3　花粉超显微结构

Figure9-3 Pollen ultrastructure

注：A、B.花粉；C.萌发孔特写；D.孔隙特写。

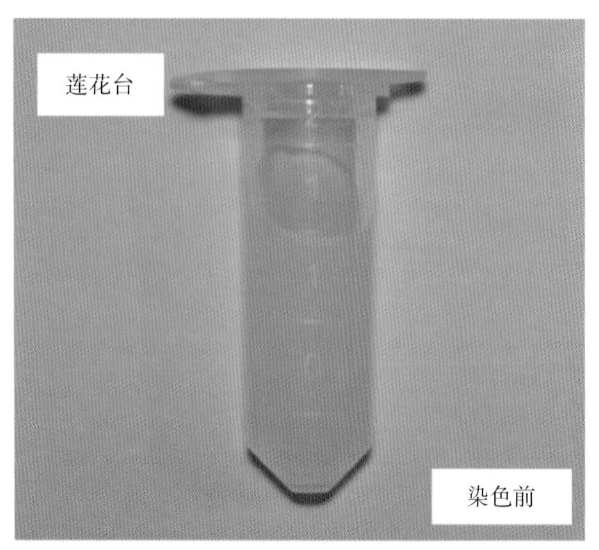

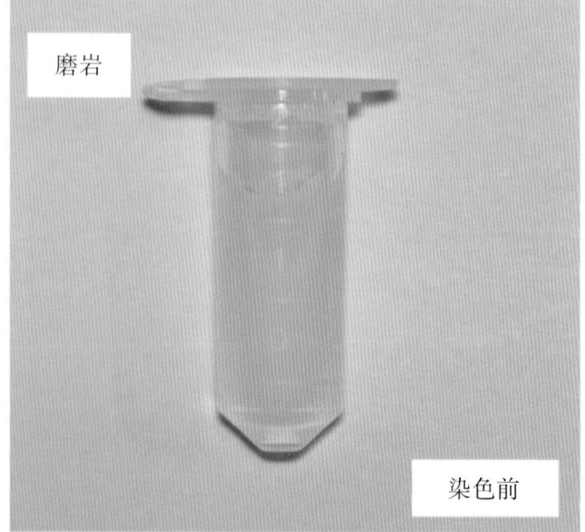

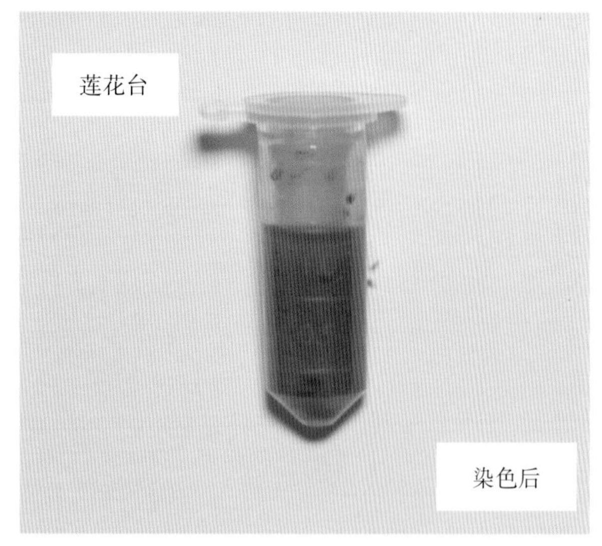

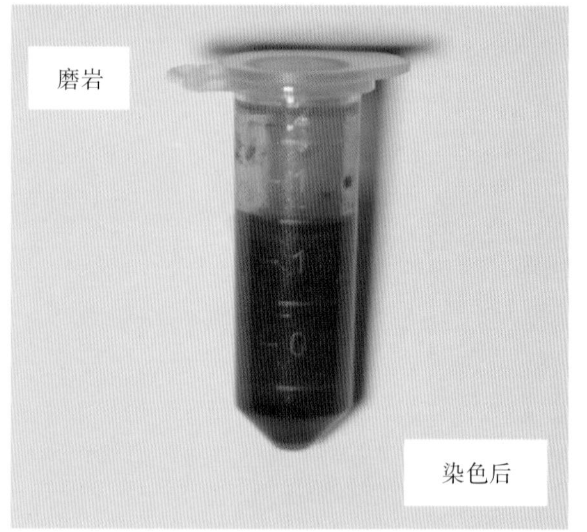

图9-4　TTC染色后花粉活力
Figure9-4 Pollen viability after TTC staining

第四节 传粉特性

在试验中，通过观察发现，在赤水蕈树盛花期所布的玻片中有花粉。花朵数量多，花粉粒小而干燥，表面光滑，不具附着的特性，质量极轻，花粉量大，具有能在空中飘浮的特点，便于远距离传播和雌花受精。受观察周期的限制，在试验中未发现有昆虫停留在花朵上。

第五节

杂交指数的估算

赤水蕈树为单性花，按照杂交指数的评估标准，赤水蕈树平均单花直径在2～6 mm之间，杂交指数（OCI）记为2；其雌蕊先于雄蕊成熟，记为0；花开放后，柱头与花药存在空间分隔，记为1，3个参数之和为3。根据Dafni（1992）的分类标准，判断赤水蕈树的繁育系统类型为兼性自交（表9–3）。

表9–3　杂交指数测定

Table9-3 Determination for out-crossing index

单花直径	开花行为	花药与柱头空间间隔	杂交指数	繁育系统类型
2～6 mm之间（记为2）	雌蕊先熟（记为0）	空间分隔（记为1）	3	兼性自交

第六节

花、果繁殖特性小结

通过对赤水蕈树10个居群的种群数量及开花结实情况进行观察统计，得出目前赤水蕈树的数量为2 017株，从开花和结实数量来看，其开花结实率低，开花结实的仅有198株，开花率和结实率为9.82%。由此可见，赤水蕈树种群数量少，开花结实率低可能是限制赤水蕈树种群繁殖的因素，进而导致其濒危。研究发现，赤水蕈树不同居群间的开花物候存在差异现象，这一差异可能与居群内小环境中的生境因子有关。具体表现为，两个赤水蕈树居群有较高的开花进程相似性，每年只开放一次花朵，在4月中上旬的一个开花高峰期内持续约24 d。值得注意的是，赤水蕈树的花朵开放过程符合“集中开花模式”（即总巢式开花模式），这种现象在温带植物中较为常见。

风媒传粉植物借助外力传散花粉，其基因流扩散能力相对较强，因而不容易受到间断型生境制约。不过，若植物单次开花产量较少，则极易影响其吸引传粉者在有效授粉方面的能力。鉴于此，可将赤水蕈树“集中开花模式”视为种群在多样化环境选择压力下的一种适应性策略。在野外，赤水蕈树主要分布于山坡，虽然其开花策略可有效避免水分和养分等限制，以及极端恶劣天气等风险要素对开花过程造成的影响（这种策略有助于防止花朵由于高死亡率而导致子房能量储备不足等问题），但赤水蕈树居群之间间隔远，原生境陡峭，传粉效率受到影响。

植物在适应多变自然环境的过程中，其繁殖策略不断演化。繁殖系统综合考虑了遗传因素与环境压力，其对植物进化途径和表型变异起着关键作用。赤水蕈树杂交指数为3，其繁殖系统类型属于兼性自交，有时需依赖风媒传粉。赤水蕈树花粉粒小且不组成团块，表面有多个萌发孔，且具不规则颗粒状纹饰，颗粒的不规则排列形成大小不一的孔隙，质量极轻，花粉量大，便于远距离被风传播。此外，赤水蕈树的开花时间集中于3至4月，这进一步暗示了其需要依赖风媒传粉。综上所述，赤水蕈树濒危的主要原因可能在于植株数量少、开花结实率低、传粉效率不佳、种子数量多但体积小且易丧失活力等。

第十章

遗传多样性与群体分化

遗传多样性作为生物多样性的重要组成部分,是生物长期演化的产物。遗传多样性水平的高低对生物的环境适应潜能具有直接的决定作用。具备更高的遗传多样性和更复杂的变异类型的物种,其种群进化的潜力将会更大,后代对恶劣环境的适应力会相应增强且其遗传分布范围会更广。相反,遗传多样性的降低或丧失将削弱植物在适应恶劣环境和对抗疾病等方面的能力,进而影响物种的稳定性和进化潜力,最终对生物多样性产生直接影响。物种的繁殖方式、基因突变等内部因素、环境变迁及人类活动等外部因素广泛影响着遗传多样性。

对于濒危植物而言,其遗传多样性除了是种群长期演化的结果之外,更是其生存和繁衍的基础。因此,对于濒危植物的遗传多样性及其结构的深度研究,能够系统性地评估该种群适应与发展的潜力,揭示遗传多样性的程度,对于探究植物的濒危机制,以及制定科学且高效的保护策略具有重要的意义。分子标记(Molecular Markers)是基于DNA水平,以个体间核苷酸序列差异为基础的遗传标记,其显著优势在于多态性高,且不受生长发育阶段及环境因素的干扰。在众多的分子标记中,ISSR(Inter-Simple Sequence Repeat)在相关研究中应用广泛。由于ISSR标记与其他分子标记相比,具有可操作性强,操作时间较短,不需要繁杂的测序手段,成本相对较低等优点,因此,ISSR分子标记技术是当前濒危植物遗传多样性研究、遗传结构研究和亲缘关系鉴定的主要方式。对赤水蕈树这一濒危植物的遗传多样性与种群适应力进行系统探究,将有助于深入了解其濒危机制,同时也可为后期制定有效的保护计划提供科学依据。

目前关于赤水蕈树尚未见遗传多样性方面的报道。因此,分析不同居群赤水蕈树遗传多样性及遗传变异水平,对科学开发和利用赤水蕈树木材以及制定珍稀种质资源的保护策略具有重要意义。本章节采用ISSR分子标记技术结合POPGENE、GenAlEx、MVSP等软件分析遗传多样性,旨在评估赤水蕈树的遗传多样性水平,探究其居群间、居群内的遗传变异情况,以期为赤水蕈树多样性保护提供科学支撑,并为优先保护群体的筛选和后期引种驯化的工作奠定理论基础。

第一节
遗传多样性

一、ISSR引物筛选

筛选出扩增效果最好的PCR扩增体系对合成的30条ISSR引物进行PCR扩增，取3个样品进行PCR筛选，根据结果挑选出扩增条带清晰、明亮、无拖尾现象且扩增条带数较多的10条ISSR通用引物，分别为811、815、834、835、836、840、841、844、855和873(图10-1)。

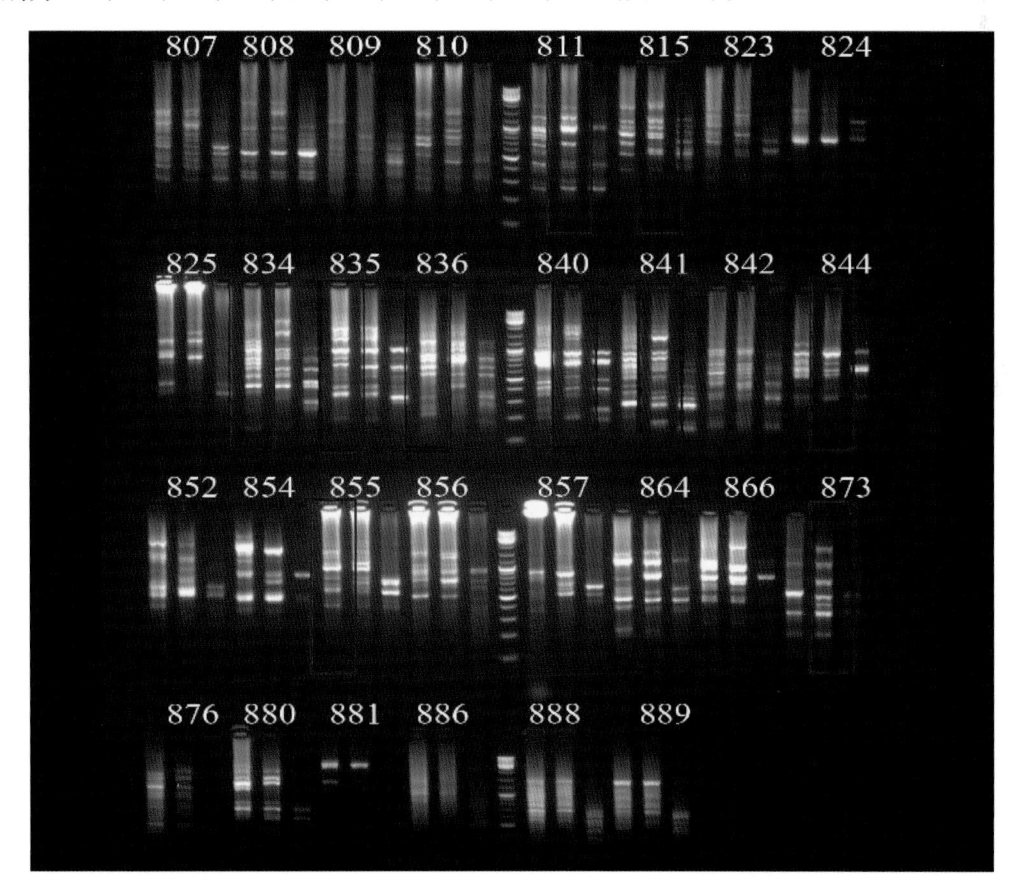

图10-1　引物筛选电泳检测图

Figure10-1 Electrophoretic detection of primer screening

二、扩增多态性分析

利用10条多态性较好的ISSR引物对10个居群38份赤水蕈树样本进行扩增，最终筛选出扩增条带清晰、明亮、无拖尾现象的10条ISSR通用引物（表10–1），38份赤水蕈树样本共扩增出188个重复性高、明亮的位点，其中多态性位点（NPL）159个，多态性百分比达84.57%，引物UBC811扩增效果最佳，扩增出27个位点，而引物UBC836扩增效果相对较差，仅扩增出13个，是所有引物中最少的，所有通过扩增得到的条带长度均在200～8 000 bp之间。

表10–1　ISSR–PCR扩增情况

Table10-1 ISSR-PCR amplification

引物名称	引物序列（5'–3'）	退火温度/℃	扩增位点数	多态性位点数	多态性百分比/%
UBC811	GAGAGAGAGAGAGAGAC	60.2	27	24	88.89
UBC815	CTCTCTCTCTCTCTCTG	54.8	18	15	83.33
UBC834	AGAGAGAGAGAGAGAGYT	58.4	20	16	80.00
UBC835	AGAGAGAGAGAGAGA GYC	54.8	18	14	77.78
UBC836	AGAGAGAGAGAGAGAGYA	61.8	13	13	100.00
UBC840	GAGAGAGAGAGAGAG AYT	54.8	17	14	82.35
UBC841	GAGAGAGAGAGAGAGAYC	54.8	19	14	73.68
UBC844	CTCTCTCTCTCTCTCTRC	54.8	24	22	91.67
UBC855	ACACACACACACACACYT	60.2	16	15	93.75
UBC873	GACAGACAGACAGACA	54.8	16	12	75.00
总计	—	—	188	159	—
平均值	—	—	18.8	15.9	84.57

三、遗传多样性分析

POPGENE软件分析赤水蕈树的遗传参数发现各居群多态性点数的范围为55～101，平均值为74.4，多态位点比率（PPL）的范围为29.26%～53.72%，平均值为39.58%（表10–2）。在物种水平上，38个野生赤水蕈树样本的Nei's多样性指数（*H*）和Shannon信息指数（*I*）均值分别为0.267 4和0.407 2，物种水平的多态位点比率为84.57%；在居群水平上，赤水蕈树10个居群的*H*取值范围在0.106 7～0.184 7之间，平均值为0.146 1，多态位点比率为39.58%，*I*在0.160 1～0.278 9之间，平均值为0.217 6。遗传多样性各项参数显示，PPL最大值为53.72%，*H*最大值为0.184 7，*I*最大值为0.278 9，即遗传多样性水平最高的为莲花台居群，遗传多样性水平最低的为上磨子园居群，PPL、*H和I*值均为最小，分别为29.26%、0.106 7和0.160 1。

表 10–2　各居群遗传多样性指数

Table10-2 Genetic diversity index of each population

居群	等位基因数（Na）	有效基因数（Ne）	Nei's 多样性指数（H）	Shannon 信息指数（I）	多态性点数（NPL）	多态位点比率（PPL）/%
天台山	1.388 3	1.275 1	0.155 4	0.227 5	73	38.83
磨岩	1.345 7	1.237 4	0.135 7	0.199 6	65	34.57
半水沟	1.430 9	1.250 3	0.149 3	0.225 7	81	43.09
中洞坪	1.377 7	1.230 5	0.134 9	0.201 9	71	37.77
莲花台	1.537 2	1.310 4	0.184 7	0.278 9	101	53.72
登子垒	1.446 8	1.302 7	0.171 0	0.251 7	84	44.68
尖山	1.398 9	1.256 8	0.147 0	0.218 5	75	39.89
包家沟	1.383 0	1.239 3	0.141 8	0.211 9	72	38.30
红石梁	1.356 4	1.230 7	0.134 8	0.200 3	67	35.64
上磨子园	1.292 6	1.178 3	0.106 7	0.160 1	55	29.26
居群水平平均值	1.395 8	1.251 2	0.146 1	0.217 6	74.4	39.58
物种水平平均值	1.845 7	1.447 2	0.267 4	0.407 2	159	84.57

第二节
遗传分化与遗传距离

一、ISSR的遗传分化

对赤水蕈树居群间和居群内遗传分化情况进行分析发现（表10-3），10个居群总基因多样性（*Ht*）[①]为0.257 9，居群内遗传多样性（*Hs*）为0.146 1，居群间基因交流较少（基因流Nm=0.654 2<1），居群遗传分化系数（*Fst*）为0.433 2，即43.32%的遗传分化发生在居群间，56.68%的遗传分化发生在赤水蕈树的居群内。

表10-3 居群间和居群内遗传分化情况

Table10-3 Genetic differentiation among and within populations

项目	总基因多样性（*Ht*）	居群内遗传多样性（*Hs*）	遗传分化系数（*Fst*）	基因流（*Nm*）
数值	0.257 9	0.146 1	0.433 2	0.654 2

二、遗传距离计算

遗传一致度常用于判断群体之间的亲缘关系。赤水蕈树10个居群之间的遗传一致度在0.790 2～0.932 6之间，遗传距离范围为0.069 8～0.235 4，均值分别为0.854 9和0.157 4（表10-4）。其中遗传一致度最大的是登子垒居群和莲花台居群（0.932 6），即两居群的遗传距离最短（0.069 8），亲缘关系最近；遗传一致度最小的是上磨子园居群和包家沟居群（0.790 2），遗传距离最大（0.235 4），亲缘关系最远，遗传差异最大。

表10-4 不同居群间的遗传距离和Nei's遗传一致度系数

Table10-4 Genetic distance and Nei 's genetic identity coefficient among different populations

	TTS	MY	BSG	ZDP	LHT	DZL	JS	BJG	HSL	SMZY
TTS	—	0.872 2	0.847 8	0.868 9	0.841 3	0.828 6	0.857 8	0.801 5	0.836 8	0.813 6
MY	0.136 7	—	0.823 2	0.862 1	0.834 8	0.840 7	0.863 1	0.838 4	0.863 1	0.833 7
BSG	0.165 1	0.194 6	—	0.872 0	0.882 3	0.888 6	0.883 3	0.795 3	0.806 5	0.831 6

①多字母编写代表量的问题，尊重了作者的意见。参考了学界和国内外期刊的做法。——编辑注

续表

	TTS	MY	BSG	ZDP	LHT	DZL	JS	BJG	HSL	SMZY
ZDP	0.140 6	0.148 4	0.137 0	—	0.891 6	0.893 5	0.904 3	0.814 2	0.855 7	0.867 4
LHT	0.172 8	0.180 6	0.125 2	0.114 7	—	0.932 6	0.895 7	0.858 4	0.857 8	0.842 0
DZL	0.188 0	0.173 6	0.118 1	0.112 6	0.069 8	—	0.899 6	0.829 8	0.882 1	0.875 0
JS	0.153 4	0.147 2	0.124 1	0.100 6	0.110 2	0.105 8	—	0.848 9	0.876 5	0.877 2
BJG	0.221 2	0.176 2	0.229 1	0.205 6	0.152 6	0.186 6	0.163 8	—	0.833 4	0.790 2
HSL	0.178 1	0.147 2	0.215 0	0.155 8	0.153 4	0.125 4	0.131 8	0.182 2	—	0.859 4
SMZY	0.206 3	0.181 9	0.184 5	0.142 2	0.172 0	0.133 5	0.131 0	0.235 4	0.151 6	—

注：表中对角线下方为遗传距离，对角线上方为Nei's遗传一致度系数；TTS，天台山；MY，磨岩；BSG，半水沟；ZDP，中洞坪；LHT，莲花台；DZL，登子垒；JS，尖山；BJG，包家沟；HSL，红石梁；SMZY，上磨子园。

三、聚类分析

基于Nei's遗传距离构建了赤水蕈树10个居群的UPGMA树，所有居群分为两个分支，其中包家沟居群单独成一类，该居群位于山脚，坡度较平缓且干扰强度较大，是10个居群中海拔最低的；其余9个居群聚为一类(图10-2)。基于Nei's遗传距离对赤水蕈树10个居群的38份个体进行PCA分析，其中PC1和PC2分别解释总变异的23.26%和11.16%，38份个体在图中分散在各个方向，表明其遗传变异丰富，拥有较广阔的遗传背景(图10-3)。

对10个居群38份赤水蕈树DNA样本进行UPGMA聚类分析，绘制样本间的遗传关系聚类树状图(图10-4)。38份赤水蕈树样本可大致分为两类，第Ⅰ类群有4个样本，为包家沟居群3个样本和莲花台4号样本，第Ⅱ类群为剩下的34个样本。第Ⅱ类群又可以分为2个亚群，Ⅱ-1类群有6个样本，为莲花台居群2号、5号样本和半水沟居群2号、3号和4号样本以及天台山1号样本，Ⅱ-2类群为剩下的28个样本。

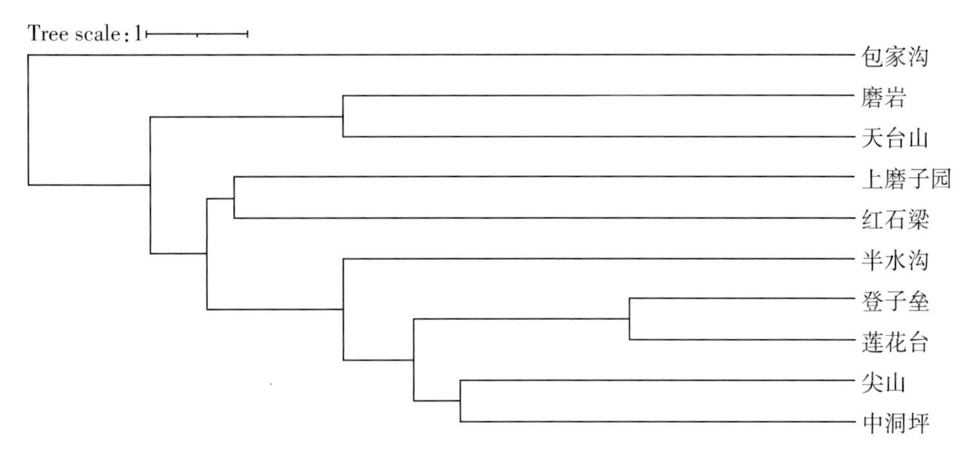

图10-2　10个居群UPGMA聚类
Figure10-2 UPGMA cluster analysis of 10 populations

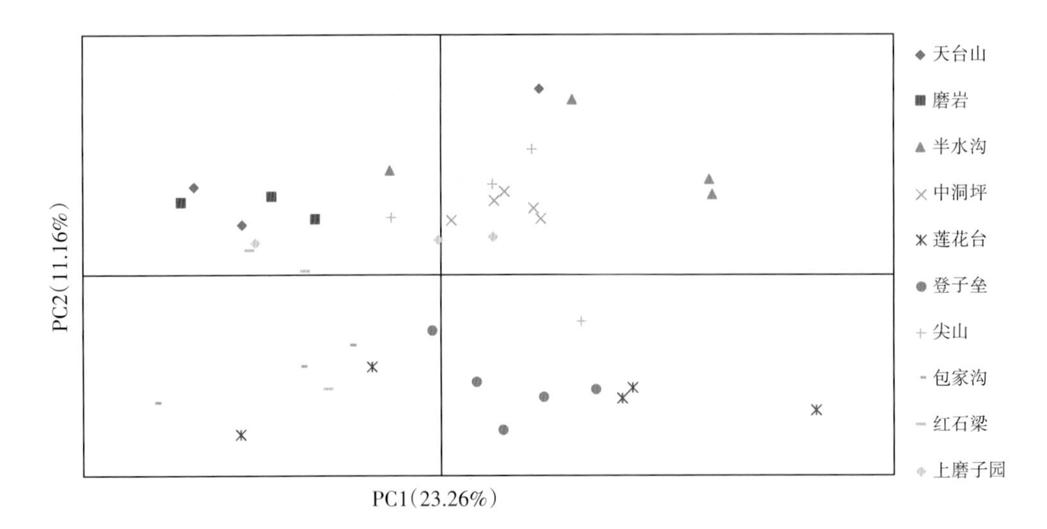

图10-3 10个居群38份个体PCA分析

Figure10-3 PCA analysis of 38 individuals in 10 populations

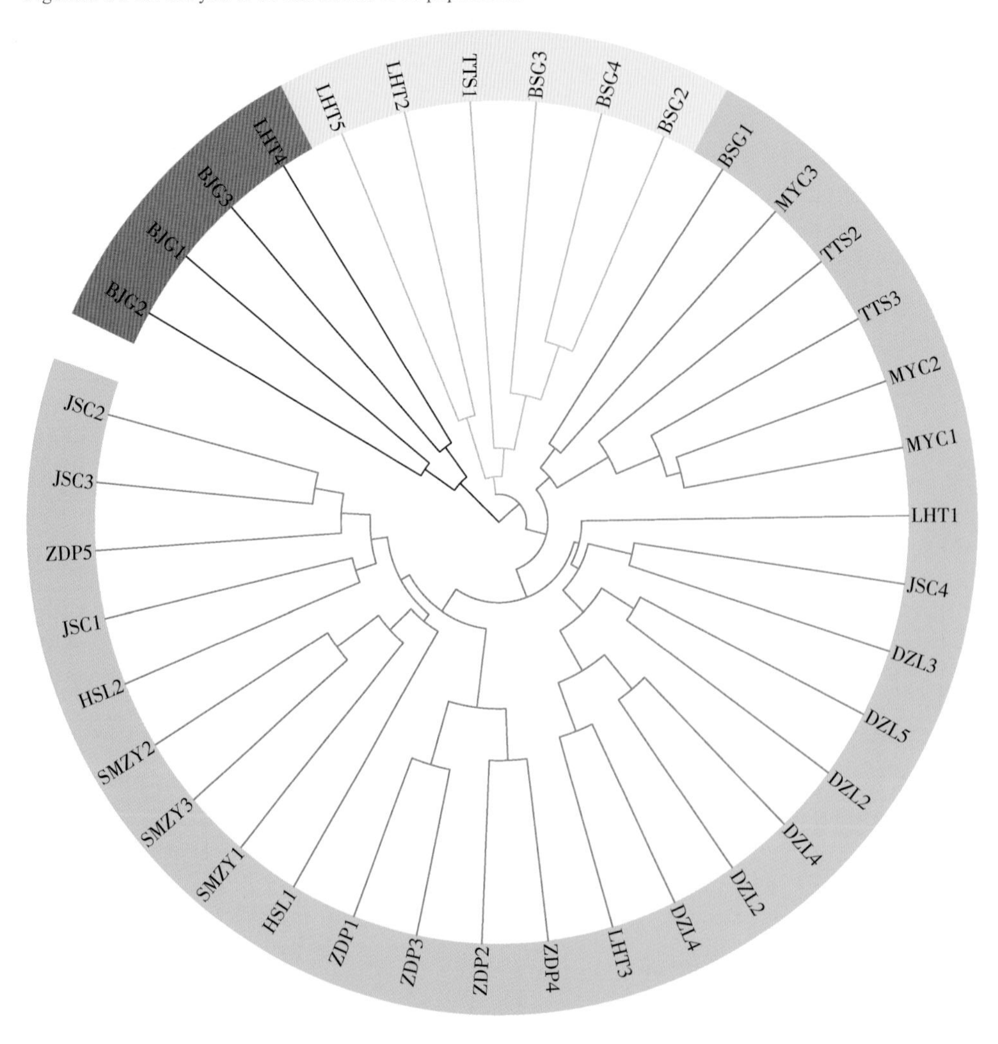

图10-4 基于ISSR分子标记的38份样本UPGMA聚类结果

Figure10-4 UPGMA clustering results of 38 samples based on ISSR molecular markers

注:TTS,天台山;MY,磨岩;BSG,半水沟;ZDP,中洞坪;LHT,莲花台;DZL,登子垒;JS,尖山;BJG,包家沟;HSL,红石梁;SMZY,上磨子园。

四、地理距离与遗传距离相关性分析

经过Mantel检验，对38份来自10个不同居群的赤水蕈树样本进行Nei's遗传距离与地理距离的关系分析。结果表明，各居群之间的R^2值为0.011 1，P值为0.18>0.05，意味着居群间的Nei's遗传距离与地理距离之间并无显著相关性（图10-5）。

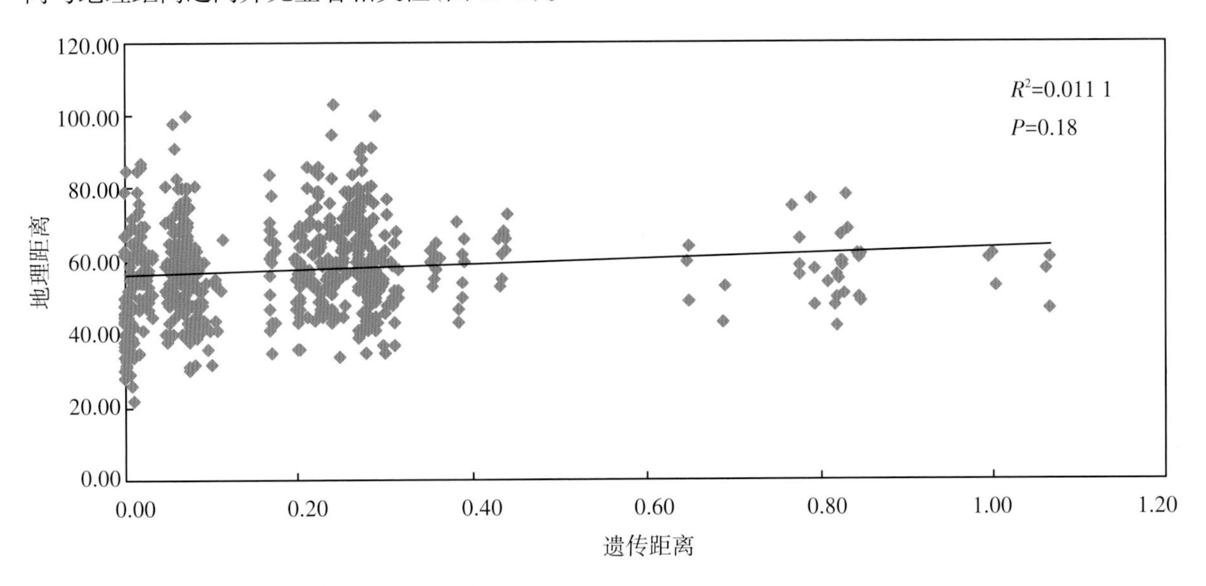

图10-5　地理距离与遗传距离的Mantel检验

Figure10-5 Mantel test of geographical distance and genetic distance

第三节

遗传多样性与群体分化小结

研究物种遗传多样性是分析其对环境的适应能力、抗逆性、种群发展方向和进化潜力的重要手段，可为遗传多样性保护和资源扩繁提供科学依据。本章节研究发现贵州特有植物赤水蕈树居群在长期遗传进化过程中，物种水平上的Nei's多样性指数（*H*）和Shannon信息指数（*I*）平均值分别为0.267 4和0.407 2，与同科植物枫香树（H=0.240 0，I=0.359 2）、半枫荷（*Semiliquidambar cathayensis*）（H=0.250 4，I=0.366 2）、亚热带地区常绿树种甜槠（*Castanopsis eyrei*）（H=0.359 7，I=0.532 2）以及贵州赤水特有植物小黄花茶（H=0.235 3，I=0.346 0）相比较，天然赤水蕈树的遗传变异程度高于枫香树、半枫荷和小黄花茶，低于亚热带地区常绿树种甜槠，推测其遗传变异水平可能处于中等水平。

赤水蕈树居群间遗传分化系数（*Fst*）为0.433 2，表明遗传分化大部分发生在居群内，其余发生在居群间。Wrigh研究发现，当$Nm<1$时，表示两个居群间基因交流较少，可能由于自然选择或遗传漂变而产生分化。赤水蕈树基因流（$Nm=0.654\ 2<1$）水平偏低，即10个居群间交流较少，可能是生境片段化导致的遗传漂变造成的。Nei's遗传一致度系数被用于测定赤水蕈树居群间遗传相似性，系数值越大表示亲缘关系越密切。登子垒居群和莲花台居群遗传一致度系数最大（0.932 6），即两居群的遗传距离最短（0.069 8），亲缘关系最近；对10个居群进行Mantel检测的结果表明，赤水蕈树的遗传多样性无明显地理趋势，各居群之间可能存在少量由于人为活动、兽类迁徙等原因导致的基因交流。

赤水蕈树资源经历了较长时间的遗传进化和自然选择，在黔北低干河谷呈斑块状狭窄聚集分布，赤水蕈树由于其特殊的生长特性，加之木材细密、坚硬，适合于造船、修建桥梁等用途，易遭盗伐，其生境遭到破坏，分布范围逐渐缩小。一旦种群遭受破坏，赤水蕈树将面临居群退化甚至灭绝的风险。因此，对赤水蕈树的保护工作刻不容缓。遗传多样性理论是培育出优良品种的基础理论之一。为了有效保护赤水蕈树，应将各个居群视为独立单元，并在野外对天然居群采取保护措施。针对赤水蕈树居群遗传多样性的保护，首要考虑遗传多样性水平最高的莲花台居群。

第十一章

种子生物学特性

第一节

种子生物学特性

一、果实的采集及贮藏

赤水蕈树的果实成熟期在10月至11月上旬，蒴果由青转黄褐色时即可采种。采摘时，用高枝剪或钩刀截断枝条，在地面或者上树用手采摘。采摘的果实可以堆放3~5 d，有助于少数果实后熟，后置于室内通风处或者日光下暴晒。待蒴果开裂后稍加敲打，种子从蒴果中脱出后，除去果柄及细小白色多角形的不育种子，即为纯净种子。脱粒的种子不宜在烈日下暴晒，可在弱光中晒干、晾干后干藏或者放4 ℃冰箱密封保存(图11-1)。

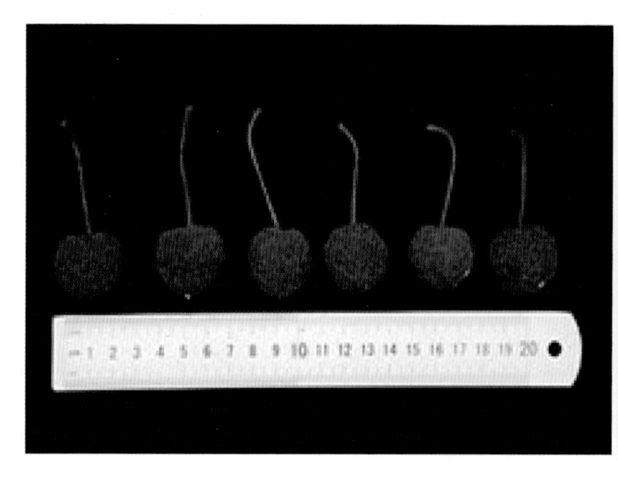

图11-1　赤水蕈树的果实及种子贮藏

Figure11-1 Fruit and seed storage of *Altingia multinervis*

二、种子形态特性测定

(一)取样

采取四分法(图11-2)，将种子均匀地倒在光滑清洁的桌面上，略呈正方形。用直尺沿对角线把种子分成四个三角形，将对顶的两个三角形的种子装入容器中备用，取余下的两个对顶三角形的种子混合，按上述的步骤继续分取，直至取得略多于测定样品所需数量为止。

图11-2　四分法取样
Figure11-2 Sampling by quartering method

（二）种子的形态测定

采用直尺对种子的横径及纵径进行测量（单位：cm），结果表明赤水蕈树的种子为黄褐色，呈带有光泽的扁椭圆形，具翅，横径为0.3～0.7 cm，纵径为0.3 cm左右，如图11-3。

（三）净度分析

将取得的种子进行纯净种子和夹杂物的分类，并称取纯净种子和夹杂物的质量后计算该种子的净度。种子的净度为测定样品中纯净种子质量占测定后样品各成分质量总和的百分数。结果测得赤水蕈树的种子净度为98.6%（表11-1）。

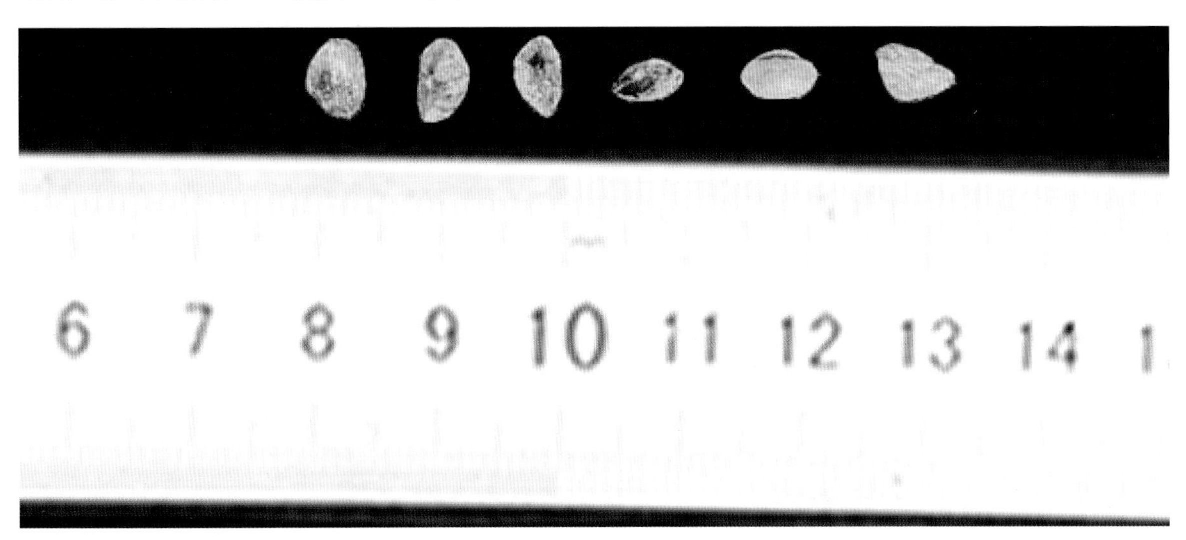

图11-3　种子的大小
Figure11-3 Seed size

表 11-1 赤水蕈树种子的净度

Table11-1 Purity of seeds of *Altingia multinervis*

重复号	试验质量/g	纯净种子质量/g	其他植物种子质量/g	种子总质量/g	净度/%
1	0.786 1	0.786 1	0	0.786 1	100.0
2	0.820 9	0.815 8	0.003 9	0.819 7	99.4
3	1.077 0	1.028 7	0.005 1	1.033 8	95.5
4	1.095 1	1.087 4	0.004 6	1.092 0	99.3

（四）千粒重

采取全量法。从纯净种子中随机称取一些种子，重复4次，对称取的种子进行计数，随后计算4次称取的千粒重。结果发现赤水蕈树种子的千粒重为8.62 g（表11-2）。

表 11-2 赤水蕈树种子的千粒重

Table11-2 Thousand-grain weight of seeds of *Altingia multinervis*

重复号	粒数/粒	千粒重/g	平均千粒重/g
1	94	8.40	8.62
2	94	8.72	
3	128	8.05	
4	117	9.32	

（五）种子的生活力

采取四唑法进行测定。将浸泡的种子放入四唑溶液中，使溶液淹没种子，置于30 ~ 35 ℃的黑暗条件下，待染色结束后，沥去溶液，并用清水进行冲洗后放置在有湿润棉花的培养皿中，观察种子的染色情况（图11-4）。结果发现在质量分数0.5%的四唑溶液中浸泡0.5~1.0 h的种子浸染效果最好。

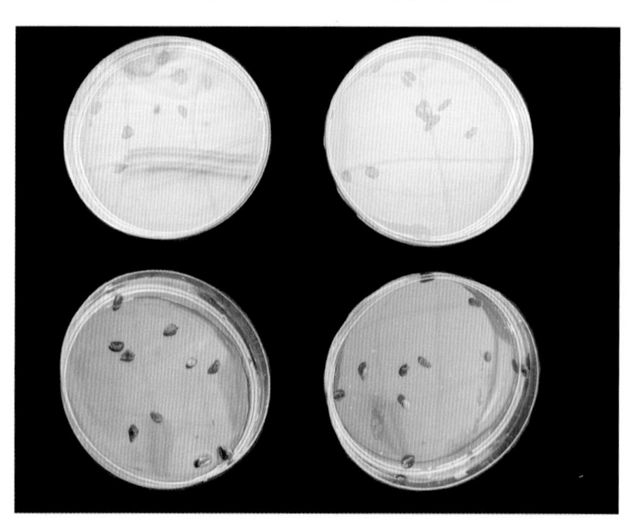

图11-4 种子生活力的测定

Figure11-4 Determination of seed viability

(六)种子的吸水特性

该种子的种皮较薄,透水性较强,不存在种子物理休眠的现象,由图11-5可知该种子在浸泡36 h后达到饱和状态。

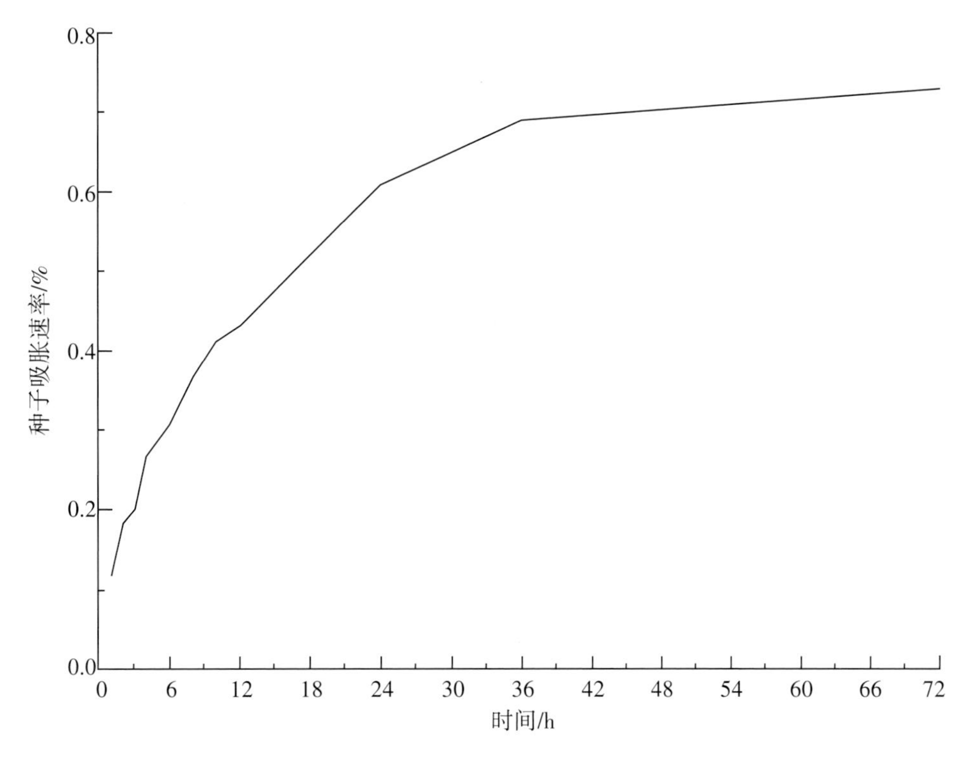

图11-5　赤水蕈树种子的吸水曲线

Figure11-5 The water absorption curve of the seeds of the *Altingia multinervis*

三、种子的萌发特性及类型

赤水蕈树种子无休眠现象,发芽温度在18 ℃以上即可,参考广西壮族自治区林业科学研究院及云南普文苗圃对蕈树和细青皮种子的发芽测定条件,本文也对赤水蕈树发芽条件进行了一定的探索,测定如下(表11-3)。

表11-3　赤水蕈树的发芽能力及其测定条件

Table11-3 Germination ability and determination conditions of *Altingia multinervis*

树种	基质	测定温度	发芽势		发芽率	
		发芽箱	计算天数	数值	计算天数	数值
赤水蕈树	棉花	20 ~ 25 ℃	7 d	42.90%	7 d	71.43%

赤水蕈树的种子萌发为出土萌发,在发芽箱内,蕈树种子胚根萌发6 d后子叶带壳伸出,11 d左右子叶展开,过22 d后初生叶始现(图11-6)。

图11-6　赤水蕈树种子萌发过程图
Figure11-6 Seed germination process diagram of *Altingia multinervis*

四、结论

（1）赤水蕈树的种子横径在0.3～0.7 cm之间，纵径为0.3 cm左右，无休眠现象，果实中含有大量的细小白色多角形的不育种子。经测定发现该种子的净度为98.6%，含水量为10%，千粒重为8.62 g。赤水蕈树的种子皮薄，不存在种子硬实的现象，因此在常温下浸泡36 h即可使种子吸胀达到饱和状态。同时对种子的生活力进行测定，初步探索发现该种子在质量分数0.5%的四唑溶液中浸泡0.5～1.0 h的浸染效果最好。

（2）通过种子发芽的初步探索试验，发现该种子的出芽方式为出土萌发型，在18 ℃以上即可发芽，且种子到苗木的周期较短，因此赤水蕈树可作为南方造林优选树种。

第二节
扦插育苗技术

一、枝条的采集及处理

选取生长健壮、无病虫害的母树最底部的枝条作为试验材料，并剪取枝条中半木质化的侧枝作为扦插材料(图11-7)。采后要立即放入装有水的水桶中，带回实验室。将采集的枝条剪成长为7～10 cm，下

图11-7　赤水蕈树枝条处理
Figure11-7 Branches treatment of *Altingia multinervis*

端切口斜面，上端切口平面的插穗，每根插穗上保留2～3片叶子，且每片叶子只保留基部的1/3的叶面积。将处理好的插穗用不同类型生长调节剂浸泡。制作好的插穗每50根为一组放入盆中。将处理好的穗条放入消过毒的平整的基质中，插穗深度为3～4 cm，待穗条扦插完后，对枝条进行浇水浸透，便于枝条固定在土壤中，并用遮阴网对穗条进行遮阴处理。

二、枝条的特征

扦插实验于2023年6月下旬进行，经观察发现，赤水蕈树的穗条生根时间大约为2个月，生根类型为皮部生根型(图11-8)。

三、苗木后期管理

(一)水分管理

采用全日照间歇式喷雾装置进行浇水，喷水频率为2～4次/h(视天气情况而定)，每次喷水持续15 s。在夏季浇水要频繁一点，而秋冬季则要降低浇水频率，同时在秋冬季要盖上塑料薄膜，为枝条的保温提供保障。

(二)杂草及病虫害管理

1. 白粉病

危害症状：白粉病主要危害赤水蕈树的茎部，被害部分呈白色。该病易发生在湿度大、空气不易流通的环境中。

防治措施：清除苗圃地的落叶、杂草、病残体，保证田间通风透光。发病初期，可及时喷施枯草芽孢杆菌500倍液，每隔6~10 d喷施一次。

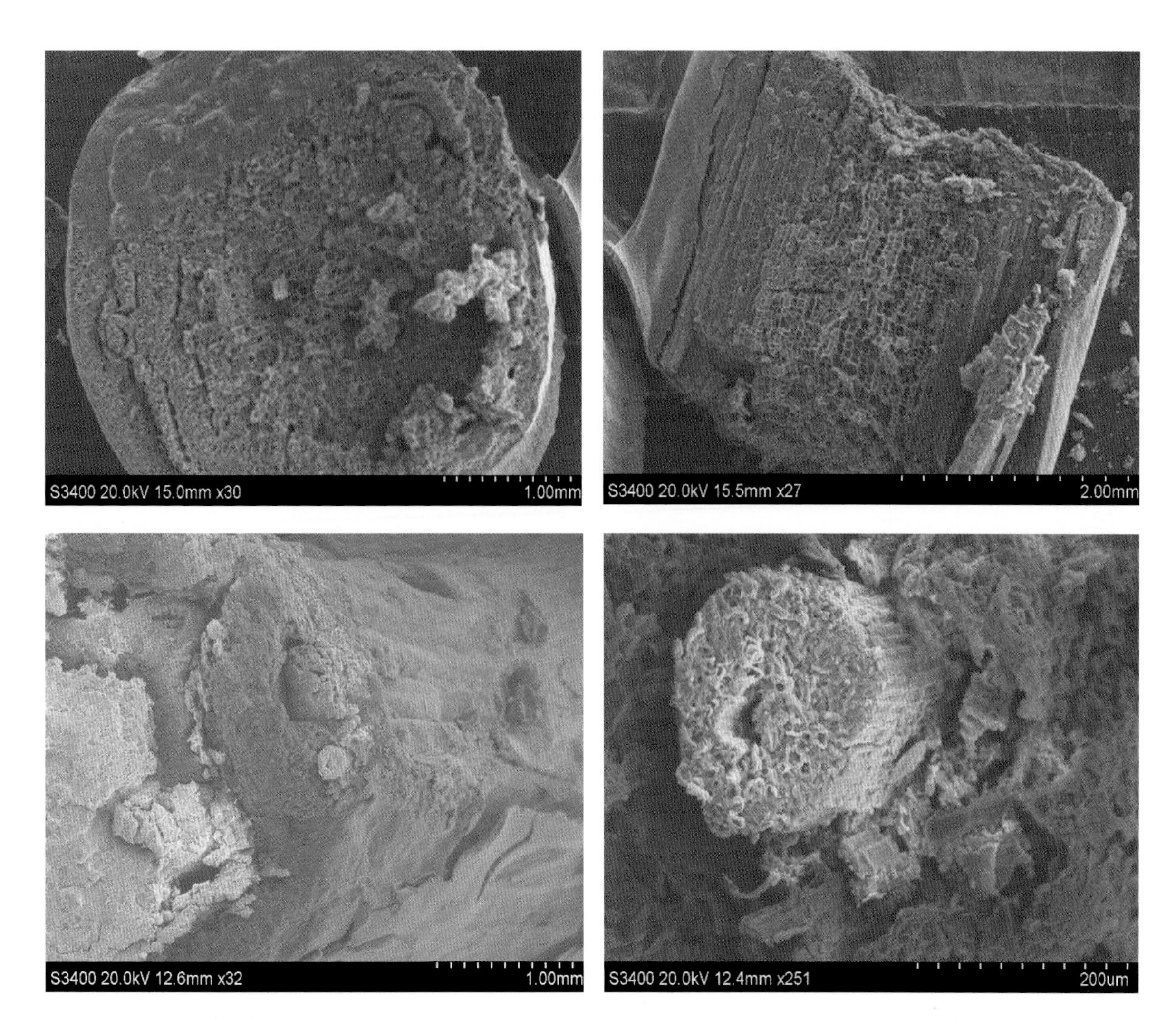

图11-8　赤水蕈树穗条生根过程图

Figure11-8 The rooting process of the cuttings of *Altingia multinervis*

2. 茎腐病

危害症状：茎腐病主要危害赤水蕈树的根部，被害部分呈黑褐色。该病害发生在较高温度的环境中。

防治措施：在气温较高的时节搭建遮阳棚，该病易发生在4—6月，可以选用甲基托布津500倍液或质量分数1%硫酸亚铁进行喷施。

3. 黄化病

危害症状：植株的叶片会出现部分变黄的现象。病情相对较轻的植株只有叶片先端会出现黄化的情况，而在病情较为严重时，叶片会彻底黄化，这又会进一步加速叶枯病的发展；在每年8月，感染植株的叶片就会转变为褐色，此后不断从树木上脱落。

防治措施：在5月开始喷洒多效锌（140 g/株），可使发病率减少95%，感病指数也会得到有效控制。此外，也可以用100倍硫酸亚铁溶液对植株根部进行充分浇灌，半月之后黄化的情况可以得到有效控制。另外，在进行防治的过程中，要避免土壤大量积水，提升土壤的通透性，防止苗木受到严重损伤。

4. 红蜘蛛、蚂蚁

危害症状：成虫、幼虫群集叶背吸食汁液，被害部位初呈黄白色小圆斑后发黄枯焦，高温干燥时叶片卷缩，呈锈褐色。

防治方法：清除扦插田周围杂草，并烧毁，以消灭越冬虫卵，合理施肥浇水，减少病虫繁殖量。用10%（质量分数）苯丁哒螨灵1 000倍液+5.7%（质量分数）甲维盐EC 3 000倍液的混合液喷施，也可以将5%（质量分数）的噻螨酮EC稀释成1 500 ~ 2 000倍液+阿维菌素喷施，效果均显著。

枝条常见病征见图11-9。

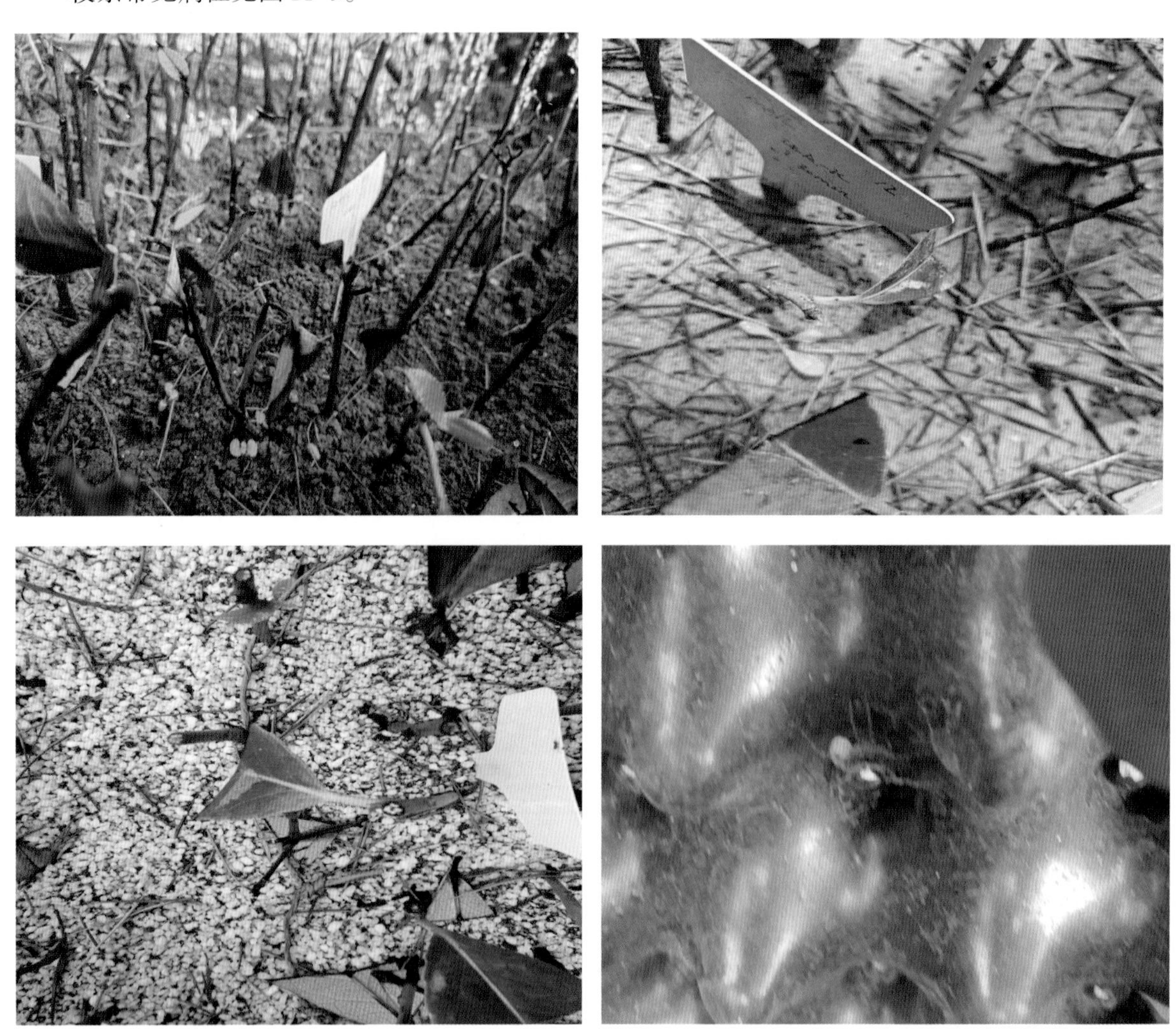

图11-9　枝条常见病征

Figure11-9 Common symptoms of branches

第三节
育苗与造林技术

项目组于2021—2022年曾采集赤水蕈树种子进行了育苗和试验，并于2023年将苗木培植于三都种质资源收集圃。2022年采集的种子因采集后保存不当，种子发芽活力丧失，播种后未出苗。2023年重新采集种子，于2024年育苗。

一、种实采集与处理

（一）采种

选择干形通直、生长旺盛、无病虫害、结实量正常的植株。

（二）采种时间与处理

在10月下旬至11月上旬种子成熟，蒴果呈黄褐色时即可采集，采集后要及时处理，具体处理为：晾晒蒴果直至开裂，种子从蒴果孔中脱出，晾晒干燥后袋藏。净种处理选择具翅的种子，种子千粒重5.5 ~ 6.1 g。

（三）种子储藏与催芽

将种子放入无纺布袋中置于4 ℃冰箱储藏，待2月中旬，取出置于常温下1~2 d，再用细河沙或细营养土拌匀，将种子均匀平铺于育苗盘中，置于温室或用塑料薄膜覆盖保温促发芽。待种子露白但胚根短于1 cm时进行营养袋芽苗移栽。

二、苗木培育

（一）育苗容器

以无纺布容器为宜。

（二）育苗基质

以泥碳土、黄心土、珍珠岩为混合基质，比例为4:4:2，无纺布营养袋规格为14 cm×16 cm。

（三）设施

荫棚即可，棚高2～3 m为宜，遮阳率30%～50 %为宜，待长出真叶2～3片即可拆除荫棚。

（四）水肥管理

浇水应适时适量，播种或移植后立即浇透，在出苗期和幼苗生长初期应适量勤浇，保持基质湿润；速生期应量多次少；生长后期应控制浇水。速生期施肥以氮肥为主，以水溶性NPK17%（质量分数）复合肥效果最佳，生长后期停止或少量使用氮，适当增加磷肥、钾肥。第1年8月挪动营养袋1次，第2年4、8月各挪动营养袋1次。

（五）病虫害预防

病害主要是轻微褐斑病，用甲基托布津600~800倍液防治即可。未见虫害。

三、营造林

（一）造林地选择

以海拔600～1 000 m，土层深厚、疏松、肥沃、湿润的下坡地段为宜。

（二）林地清理与整地

全面割灌草，块状整地，规格60 cm×60 cm×50 cm，基肥为1~2 kg有机肥+0.25~0.50 kg复合肥，拌匀并覆地5～10 cm。

（三）种苗类型与规格

容器苗，以无纺布营养袋苗为佳，苗高65 cm，地径0.5 cm以上。苗龄2-0(2年生未移植的苗木)。

（四）造林密度、方式及时节

造林密度以3 m×3 m为宜，造林方式为植苗造林，造林时节为春季雨季前。

（五）抚育技术

集约人工林采取带状抚育为宜。

（六）病虫害预防

截至2024年10月未发现病虫害。

赤水蕈树的成熟果实、种子、容器苗、定植状态，见图11-10至图11-15。

图11-10　赤水蕈树成熟果实

Figure11-10 Mature fruits of *Altingia multinervis*

图11-11　赤水蕈树种子

Figure11-11 *Altingia multinervis* seeds

图11-12　培育的2年生赤水蕈树容器苗

Figure11-12 Two-year-old container seedlings of *Altingia multinervis* were cultivated

图11-13　定植的一年生苗木

Figure11-13 1-year-old seedlings planted

图11-14　定植1年后生长状态

Figure11-14 Growing after 1 year of planting

图11-15　定植2年后赤水蕈树

Figure11-15 Two years after planting *Altingia multinervis*

第四节

种子生物学特性小结

(1)赤水蕈树为皮部生根类型,生根时间大约为2个月,在夏季采用嫩枝扦插比硬枝扦插成活率要高。

(2)生长调节剂的应用对提高赤水蕈树的成活率有重要的作用,IBA-K试剂可以有效地提高扦插的成活率,试验发现使用150 mg/L的IBA-K对赤水蕈树嫩枝穗条进行30 min或1 h的处理,以及使用500 mg/L的IBA-K进行速蘸浸泡处理的效果均较好。

(3)试验过程中,采用的扦插育苗基质为:河沙、黄心土、珍珠岩+蛭石(2:1)。研究结果表明,与其他几种基质相比,采用黄心土作为赤水蕈树扦插育苗基质可以提高扦插成活率。用河沙作为基质不利于枝条的生根,但能促进苗木的生长,而用珍珠岩+蛭石(2:1)作为基质,插穗全部干枯死亡。经初步探索,黄心土是适宜赤水蕈树穗条生根的基质。

第十二章

木材材性

第一节
木材的构造特征

一、木材宏观构造特征

赤水蕈树生材有淡淡清香味，木材干燥后，无特殊气味。木材略有光泽，颜色为浅黄白色至黄褐色，心材和边材颜色区别不明显至略明显，自树皮处往髓心方向材色有逐渐加深的趋势，但变化并不显著。生长轮略明显，轮间呈深色细线，宽度略均匀至均匀，每厘米2 ~ 3轮。赤水蕈树为散孔材，管孔较多，甚小至略小，在放大镜下可见白色小点，大小基本一致，均匀地分布在整个生长轮内，管孔多呈散生，偶见径列状；管孔内侵填体未见。轴向薄壁组织肉眼下不见。木射线密度中，细至略细，在放大镜下可见，比管孔小；在肉眼下径切面上有射线斑纹。

树皮薄，厚度2 ~ 3 mm左右，树皮较为光滑，有小的圆形皮孔；外树皮为灰棕色（图12-1），内树皮为红棕色（图12-2、图12-3）。

图12-1　赤水蕈树树皮
Figure12-1 Bark of *Altingia multinervis*

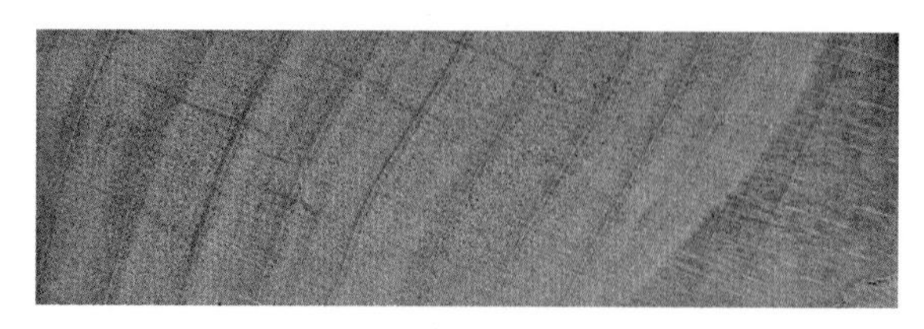

图12-2　赤水蕈树木材横切面
Figure12-2 Cross section of *Altingia multinervis* wood

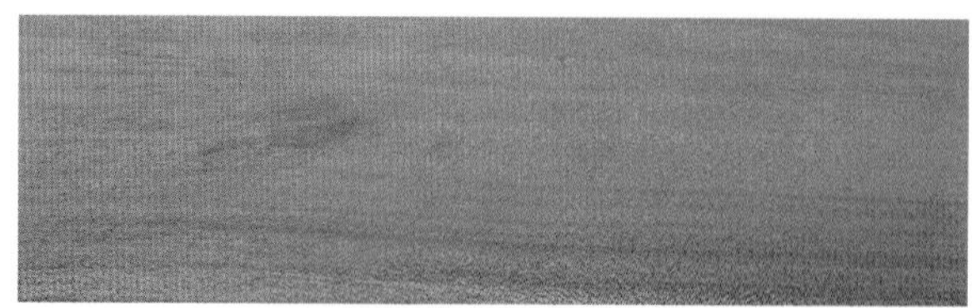

图12-3　赤水蕈树木材弦切面
Figure12-3 Tangential section of *Altingia multinervis* wood

二、木材微观构造特征

通过显微镜与扫描电镜观察赤水蕈树的微观构造(图12-4、图12-5),导管横切面为多角形,多为单管孔,少数呈短径列复管孔(多数为2个),偶见导管分子端部重叠,常2~3个弦向排列,侵填体不见,壁薄,每平方毫米约80~90个管孔;导管壁具螺纹加厚,有时仅见于导管分子尾端,有时整个导管都有。导管穿孔板倾斜度较大,45°左右,穿孔为梯状复穿孔,横隔较窄,横隔中至多12~20条,多数在16~18条左右;管间纹孔有多种,有梯列纹孔、对列纹孔以及梯列-对列同在一个导管壁上的情况;纹孔口内含,卵圆至裂隙形。轴向薄壁组织量较少,在径切面上约3~11列木纤维中间夹有一串轴向薄壁组织,横切面上多数呈离管星散状及少数星散-聚合状,薄壁细胞端壁节状加厚不明显或略明显,含树胶的轴向薄壁细胞少见,晶体未见。木纤维为纤维状管胞,细胞壁较厚,具缘纹孔数多,且明显,呈圆形,纹孔口内含及略外展,透镜形至裂隙状,直列及斜列,无分隔木纤维和胶质木纤维。木射线非叠生;每毫米10~15根,单列木射线数量少,高2~16细胞或以上,多数5~9个细胞,多列射线宽2~3细胞,多为2列,高4~54细胞或以上,多数10~25细胞,同一射线内常出现2~3次多列

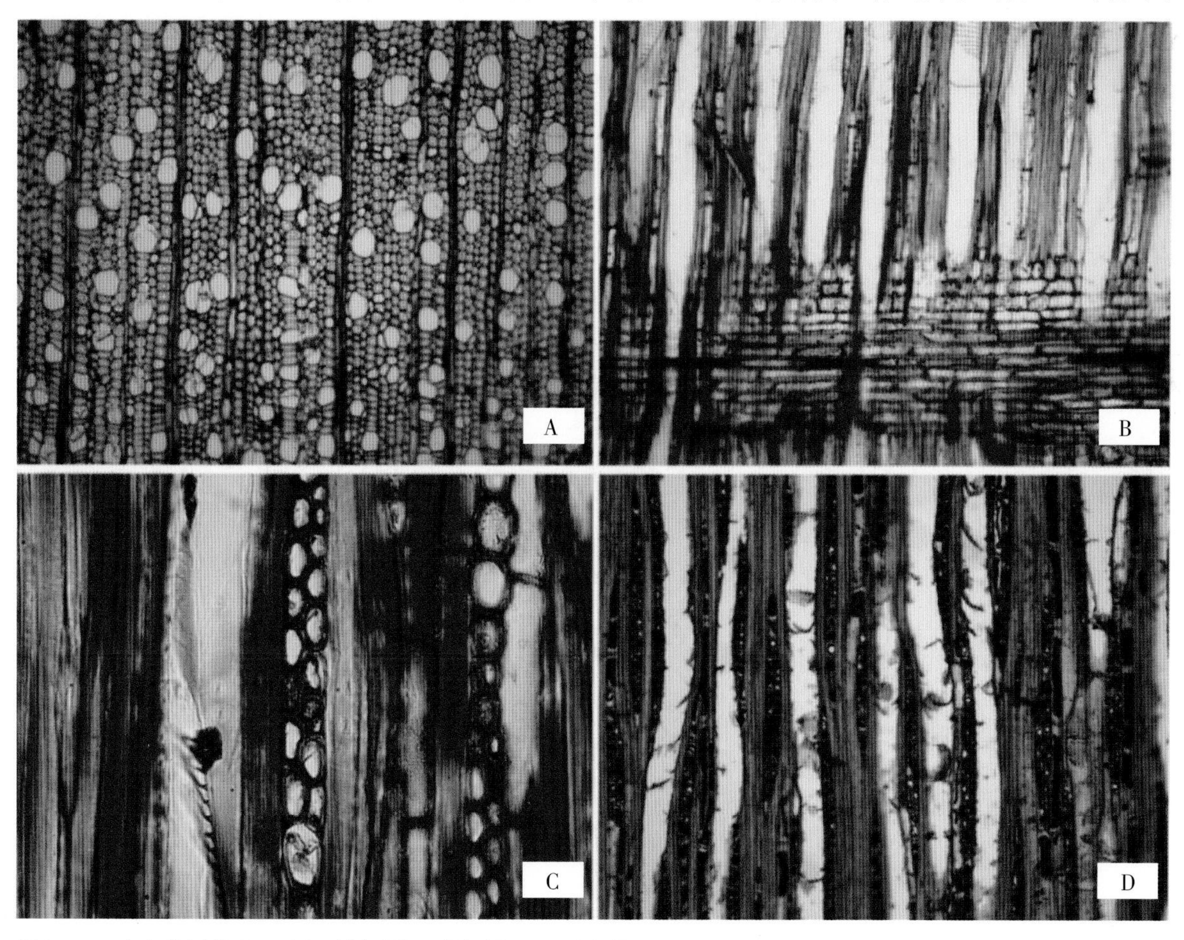

图12-4 赤水蕈树微观图片(A.横切面;B.径切面;C、D.弦切面)

Figure12-4 Microscopic picture of *Altingia multinervis* (A.cross section ; B.diameter section ; C, D.chord section)

部分。射线组织多为异形Ⅱ型，少数为异形Ⅰ型，直立或方形射线细胞比横卧射线细胞高；后者为卵圆及椭圆形。射线细胞中内含树胶常见，内含菱形块状晶体常见。导管壁-射线间纹孔式多为横列刻痕状及少数为大圆形。树胶道不见。

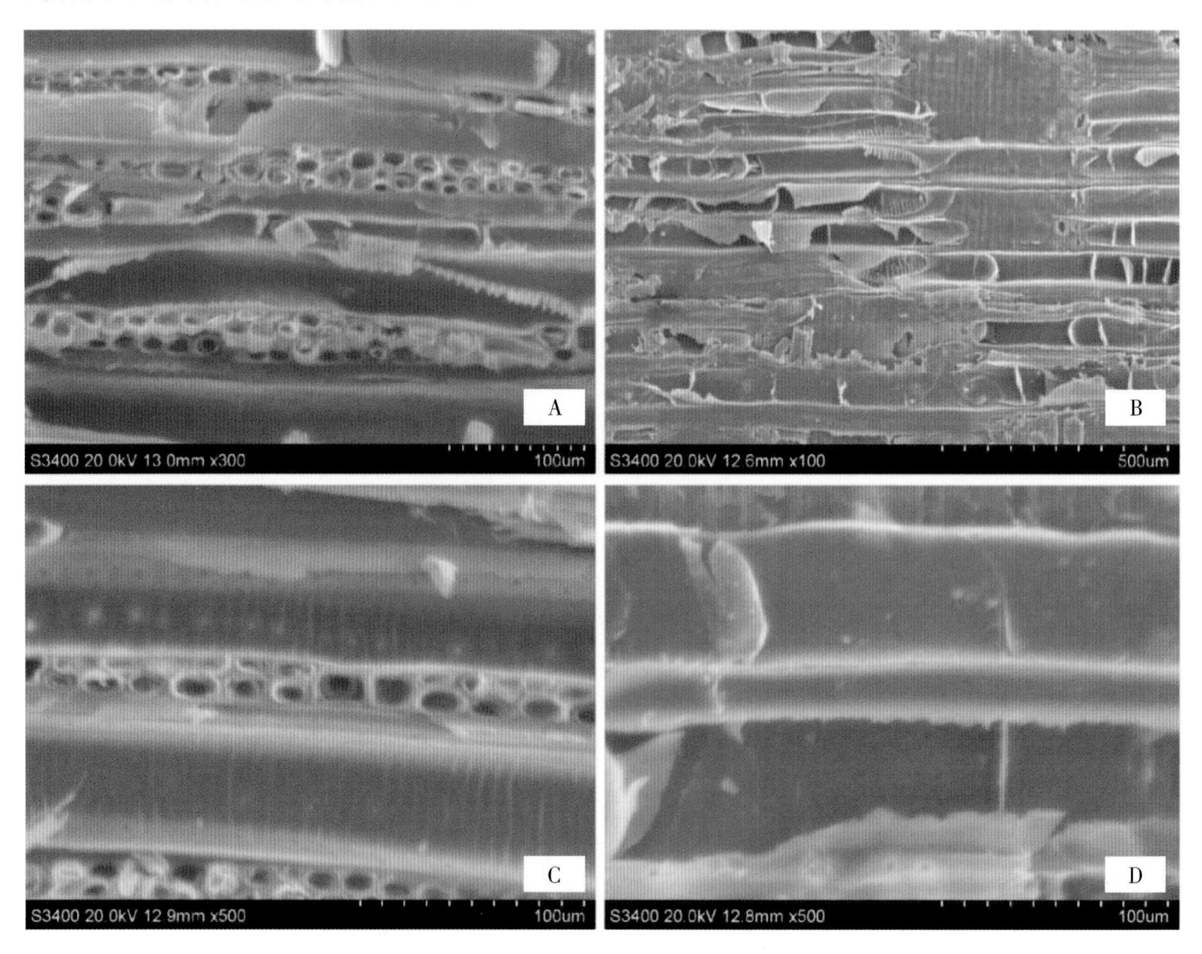

图12-5　赤水蕈树扫描电镜图片(A.木射线;B.导管分子梯状穿孔;C.导管壁螺纹加厚;D.导管壁纹孔)

Figure12-5 Scanning electron microscope images of *Altingia multinervis*（A.wood ray；B.catheter molecular ladder perforation；C.tube wall thread thickening；D.catheter wall pits）

第二节

木材解剖分子特征

通过研究赤水蕈树木材的解剖分子特性，深入了解其木材的微观构造和组成，有助于理解木材的生长、发育和形成过程，为木材的加工、利用和保护等提供基础数据。

一、木材的纤维分子特征

赤水蕈树木材纤维的各项构造特征数量值测定结果见表12-1。

表12-1 赤水蕈树木材纤维构造特征

Table12-1 Characteristics of wood fiber structure of *Altingia multinervis*

实验项目	平均值	标准差	最小值	最大值	变异系数/%
纤维长度	1 356.71 μm	275.91 μm	1 031.55 μm	1 690.19 μm	20.34
纤维直径	22.06 μm	3.82 μm	16.38 μm	29.31 μm	17.32
纤维腔径	15.95 μm	2.66 μm	11.80 μm	20.61 μm	16.68
纤维双壁厚	6.11 μm	1.70 μm	4.20 μm	8.70 μm	27.82
纤维长径比	61.50	18.83	41.47	103.19	30.62
纤维壁腔比	0.38	0.10	0.26	0.54	26.32
纤维腔径比	0.72	0.05	0.65	0.80	6.94

纤维长度不仅是决定木材质量高低的重要指标之一，还是衡量植物纤维原料优劣性的重要指标之一。纤维长度会影响纸张的撕裂度、抗张强度和抗折性，并且还与木材的物理和机械性能（如密度、硬度和强度）密切相关。从广义上讲，所有长的、狭窄的、厚壁的、尖的、不具备穿孔的细胞，统称为木纤维。由表12-1可知，赤水蕈树木材纤维长度变化范围为1 031.55～1 690.19 μm，均值为1 356.71 μm，根据国际木材解剖学家协会（IAWA）公布的木纤维长度分级标准，其纤维长度属“中”级。

赤水蕈树木材纤维直径变化范围为16.38～29.31 μm，均值为22.06 μm，根据IAWA木材纤维直径分级标准，亦属“中”级。表12-1中蕈树木材纤维腔径变化范围为11.80～20.61 μm，均值为

15.95 μm。纤维双壁厚变化范围为4.20 ~ 8.70 μm，均值为6.11 μm。纤维长径比是指纤维长度与直径的比值，它受纤维长度和纤维直径的影响。蕈树木材纤维长径比变化范围为41.47 ~ 103.19，均值为61.50。如果纤维长径比值大，则纸浆造纸过程中打浆时纤维的黏合面积越大，因此纸张撕裂指数高，纸张强度高，反之，则不适合打浆，由此可见赤水蕈树木材也是良好的制浆造纸原料。

纤维壁腔比是指纤维细胞的双壁厚与纤维细胞腔径的比值。壁腔比小的纤维易于结合，纸张强度比较大，而壁腔比大的纤维难以结合，纸张强度较低。由表12-1可知，蕈树木材纤维壁腔比变化范围为0.26 ~ 0.54，均值为0.38，壁腔比较小。纤维腔径比是指纤维腔径与纤维直径的比值。蕈树木材纤维腔径比变化范围为0.65 ~ 0.80，均值为0.72。

二、导管分子特征

导管是由一连串轴向细胞形成的无一定长度的管状组织，构成导管的单个细胞称为导管分子，导管是由管胞演化而成的一种进化组织，起输导作用。由表12-2可知，赤水蕈树木材导管分子长度变化范围为723.25 ~ 1 833.28 μm，均值为992.76 μm，根据IAWA公布的导管分子长度分级标准，导管分子长度可分为3级：短，≤350 μm；中，350 ~ 800 μm；长，>800 μm。赤水蕈树木材导管分子长度属于“长”级别。赤水蕈树木材导管分子宽度变化范围为39.22 ~ 63.61 μm，均值为49.34 μm，宽度较小。导管分子宽度小者比导管分子宽度大者原始，说明赤水蕈树是比较原始的树种。

表12-2　赤水蕈树木材导管分子特征①

Table12-2 Molecular characteristics of wood vessels of *Altingia multinervis*

实验项目	平均值/μm	标准差/μm	最小值/μm	最大值/μm	变异系数/%
导管分子长度	992.76	323.43	723.25	1 833.28	32.58
导管分子宽度	49.34	7.04	39.22	63.61	14.26

三、木射线特征

木射线在木材中起横向输导和贮藏养分的作用，木射线对木材利用有重要影响，由于木射线细胞是薄壁细胞，因此它们是木材中较脆弱的部分之一。由表12-3可知，赤水蕈树木材单列木射线高度的变化范围为118.82 ~ 479.33 μm，均值为318.61 μm；多列木射线高度的变化范围为324.56 ~ 1 054.37 μm，均值为657.93 μm。单列木射线宽度的变化范围为19.89 ~ 24.12 μm，均值为22.76 μm；多列木射线宽度的变化范围为23.73 ~ 41.05 μm，均值为33.28 μm。

①表中数据位数未列完，为原始数据计算结果。后同。——编辑注

表 12–3　赤水蕈树木材木射线特征

Table12-3 X-ray characteristics of *Altingia multinervis* wood

实验项目	平均值/μm	标准差/μm	最小值/μm	最大值/μm	变异系数/%
单列木射线高度	318.61	113.49	118.82	479.33	35.62
多列木射线高度	657.93	234.87	324.56	1 054.37	35.70
单列木射线宽度	22.76	1.45	19.89	24.12	6.39
多列木射线宽度	33.28	5.45	23.73	41.05	16.38

第三节
木材的主要物理性能

木材作为一种重要的天然材料，具有许多独特的物理和力学性能，测定赤水蕈树木材的物理性能可以帮助我们深入了解其结构和性质，判断木材的品质和等级，这对于木材加工、干燥、使用以及制品设计和制造都至关重要，有助于更合理地利用赤水蕈树资源，避免出现物不尽其用的情况。对于木材品质的等级，中国科学院李坚院士对其进行了一个分级，如表12-4所示，可对木材的等级进行归类。

表12-4　木材物理性能分级指标

Table12-4 Wood physical properties grading index

级别	气干密度/(kg/m³)	体积干缩系数/%	差异干缩
1	~ 350	~ 0.300	~ 1.20
2	351 ~ 550	0.301 ~ 0.400	1.21 ~ 1.60
3	551 ~ 750	0.401 ~ 0.500	1.61 ~ 2.10
4	751 ~ 950	0.501 ~ 0.600	2.11 ~ 2.60
5	951 ~	0.601 ~	2.61 ~

注：第1行、第5行“~”在数值左侧表示小于等于，在数值右侧表示大于等于。后同。

一、木材密度

木材的密度决定了木材的强度，木材的密度与木材的强度成正比关系。严格按国标GB/T 1927.5—2021《无疵小试样木材物理力学性质试验方法 第5部分：密度测定》，结果如表12-5所示，赤水蕈树木材的气干密度变化范围为0.79 ~ 0.81 g/cm³，均值为0.80 g/cm³；全干密度变化范围为0.77 ~ 0.78 g/cm³，均值为0.77 g/cm³；基本密度变化范围为0.72 ~ 0.74 g/cm³，均值为0.73 g/cm³。木材气干密度、全干密度、基本密度的标准差都小于0.1，变异系数小于1%，表明赤水蕈树木材的密度较为稳定，材内空隙不多。根据我国木材气干密度分析情况，气干密度在0.75 g/cm³之上，属于“重”级别。

表 12-5　赤水蕈树木材物理力学性质(1)
Table12-5 Physical and mechanical properties of *Altingia multinervis*(1)

实验项目	平均值/(g/cm³)	标准差/(g/cm³)	最小值/(g/cm³)	最大值/(g/cm³)	变异系数/%
气干密度	0.80	0.004 6	0.79	0.81	0.57
全干密度	0.77	0.004 3	0.77	0.78	0.55
基本密度	0.73	0.004 0	0.72	0.74	0.55

二、木材干缩湿胀

严格按照国标GB/T 1927.6—2021《无疵小试样木材物理力学性质试验方法 第6部分：干缩性测定》及GB/T 1927.8—2021《无疵小试样木材物理力学性质试验方法 第8部分：湿胀性测定》进行测定，计算出赤水蕈树木材在尺寸稳定上的各项指标，试验结果如表12-6所示。

表 12-6　赤水蕈树木材物理力学性质(2)
Table12-6 Physical and mechanical properties of *Altingia multinervis*(2)

实验项目	平均值		标准差	最小值	最大值	变异系数/%
气干干缩率/%	径向	3.46	0.107 1	3.28	3.61	3.10
	弦向	7.56	0.086 7	7.48	7.72	1.15
	体积	10.79	0.146 7	10.65	11.05	1.36
全干干缩率/%	径向	5.81	0.161 3	5.55	6.05	2.77
	弦向	11.42	0.130 3	11.20	11.58	1.14
	体积	16.78	0.228 0	16.37	17.00	1.36
差异干缩	气干	2.19				
	全干	1.96				
全干至气干湿胀率/%	径向	1.57	0.114 1	1.47	1.78	7.28
	弦向	2.72	0.139 3	2.56	2.93	5.12
	体积	4.41	0.143 3	4.18	4.59	3.25
全干至饱水湿胀率/%	径向	5.68	0.156 2	5.43	5.86	2.75
	弦向	13.37	0.176 5	13.15	13.60	1.32
	体积	20.03	0.324 7	19.53	20.44	1.62

由表12-6可知，赤水蕈树木材从湿材至气干材时，径向干缩率变化范围为3.28%～3.61%，均值为3.46%；弦向干缩率变化范围为7.48%～7.72%，均值为7.56%；体积干缩率变化范围为10.65%～11.05%，均值为10.79%。赤水蕈树木材从湿材至全干材时，径向干缩率变化范围为5.55%～6.05%，均值为5.81%；弦向干缩率变化范围为11.20%～11.58%，均值为11.42%；体积干缩率变化范围为

16.37% ~ 17.00%,均值为16.78%。赤水蕈树气干和全干的差异干缩分别为2.19,1.96。木材从全干至气干时,径向湿胀率变化范围为1.47% ~ 1.78%,均值为1.57%;弦向湿胀率变化范围为2.56% ~ 2.93%,均值为2.72%;体积湿胀率变化范围为4.18% ~ 4.59%,均值为4.41%。赤水蕈树木材从全干至饱水时,径向湿胀率变化范围为5.43% ~ 5.86%,均值为5.68%;弦向湿胀率变化范围为13.15% ~ 13.60%,均值为13.37%;体积湿胀率变化范围为19.53% ~ 20.44%,均值为20.03%。经过对比可知,赤水蕈树木材的干缩率和湿胀率相差较大,但其中径向干缩率和湿胀率比弦向干缩率和湿胀率稳定并且数值小,说明其作为径切板干燥时尺寸稳定性较佳,具有优良的加工性能,干燥后对木材材性影响不大。

木材弦向干缩与径向干缩的比值被称为差异干缩。如果木材的差异干缩值太大,木材在后续的干燥加工中容易发生卷翘和破裂。相反,如果木材的差异干缩值小,则木材在各个方向上的收缩率将会更加均匀,且木材的尺寸稳定性会更强。由赤水蕈树的差异干缩值为2.19和1.96可以看出,赤水蕈树径向和弦向的尺寸稳定性差异较大,在其作为木材加工使用时须尽量制成径切板,并慎重考虑干燥的方式,以避免后期板材变形。

第四节

木材的主要力学性能

木材的力学性能指木材在受到外部力作用下的抵抗力和变形特性，而通过对木材施加不同类型的力，可将木材的力学性能大概分为以下几类：抗弯性能、抗压性能、抗剪强度、木材硬度、冲击韧性、顺纹抗拉强度等。这些力学性能因木材的种类、湿度、温度等因素而异。在生产应用中，了解木材的力学性能对于结构的安全性和稳定性至关重要。力学性能测试的部分实验试件见图12-6，各种力学性能分级标准如表12-7所示。

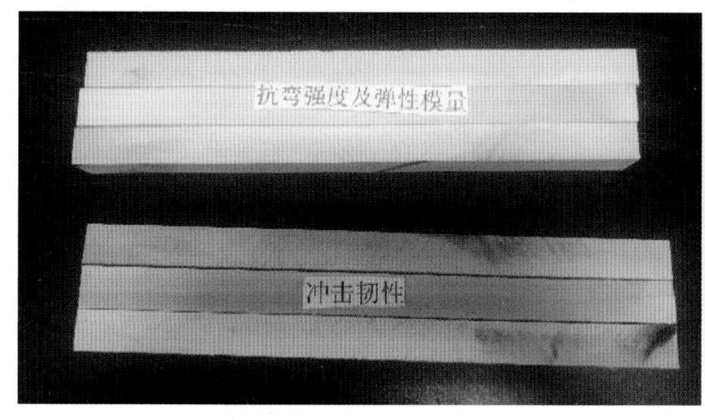

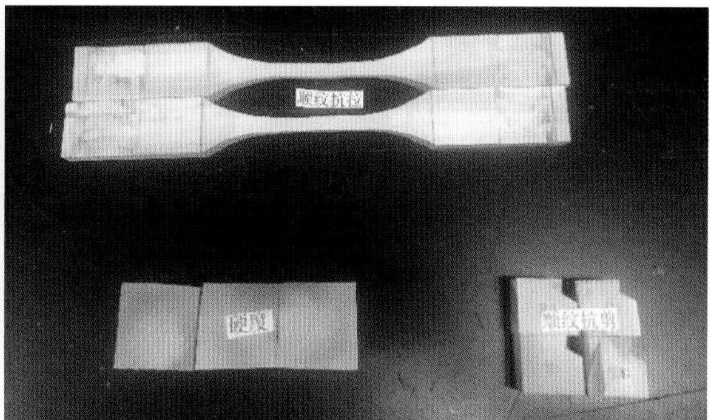

图12-6　力学性能测试的部分实验试件

Figure12-6 Part of the experimental specimens for mechanical properties test

表12-7　木材力学分级标准

Table12-7 Wood mechanical grading standards

级别	顺纹抗压强度/MPa	抗弯强度/MPa	抗弯弹性模量/GPa	顺纹抗拉强度/MPa	横纹抗压强度/MPa	冲击韧性/(kJ/m²)	端面硬度/MPa
1	~ 30.0	~ 55.0	~ 7.5	~ 50.0	~ 2.0	~ 25.0	~ 25.0
2	30.1 ~ 45.0	55.1 ~ 90.0	7.6 ~ 10.5	51.0 ~ 100.0	2.1 ~ 6.0	25.1 ~ 85.0	25.1 ~ 40.0
3	45.1 ~ 60.0	90.1 ~ 120.0	10.6 ~ 13.5	101.0 ~ 150.0	6.1 ~ 11.0	85.1 ~ 145.0	40.1 ~ 65.0
4	60.1 ~ 75.0	120.1 ~ 145.0	13.6 ~ 16.5	151.0 ~ 200.0	11.1 ~ 20.0	145.1 ~ 205.0	65.1 ~ 100.0
5	75.1 ~	145.1 ~	16.6 ~	201.0 ~	20.1 ~	205.1 ~	100.1 ~

一、抗弯性能

木材的抗弯力学性能包括木材抗弯强度和木材抗弯弹性模量。木材抗弯强度，是指木材承受逐渐施加弯曲荷载的最大能力；木材抗弯弹性模量，是指木材受力弯曲时，在比例极限内应力与应变之比，木材抗弯弹性模量越大其刚性与弹性也越大。二者成正比关系，是建筑结构用材的最为重要的力学性能指标，常用于家具中各种柜体的横梁、地板和桥梁等易弯曲构件的设计。试验严格按国标GB/T 1927.9—2021《无疵小试样木材物理力学性质试验方法 第9部分：抗弯强度测定》和GB/T 1927.10—2021《无疵小试样木材物理力学性质试验方法 第10部分：抗弯弹性模量测定》进行测定（图12-7、图12-8）。

图12-7 抗弯强度试验

Figure12-7 Bending strength test

图12-8 抗弯弹性模量试验

Figure12-8 Bending elastic modulus experiment

由表12-8可知，赤水蕈树木材平均抗弯强度为128.90 MPa，平均抗弯弹性模量为19.72 GPa。参考木材力学分级标准，其抗弯强度等级为4级（120.1～145.0 MPa），抗弯弹性模量等级为5级（≥16.6 GPa），都属于较高等级。皖槐木材的抗弯强度和抗弯弹性模量，均值分别为152.70 MPa和12.10 GPa；杉木木材的抗弯强度和抗弯弹性模量，均值分别为65.10 MPa和10.54 GPa。对比可知赤水蕈树木材抗弯强度和抗弯弹性模量虽略低于皖槐木材，但远高于杉木材，其抗弯性能优良，适用于建筑结构用材。

表12-8赤水蕈树木材的抗弯性能

Table12-8 Bending properties of *Altingia multinervis*

实验项目	平均含水率	最小值	最大值	平均值	标准差	变异系数/%
抗弯强度	13.10%	125.10 MPa	132.20 MPa	128.90 MPa	3.576 MPa	2.77
抗弯弹性模量	13.10%	12.74 GPa	13.21 GPa	19.72 GPa	0.235 GPa	1.19

二、抗压性能

木材的抗压性能是指木材在受到压缩负荷时的抵抗力和性能，顺纹抗压强度主要用于诱导结构材和建筑材的榫接合类似用途的容许工作应力计算和柱材选择等，主要通过抗压强度衡量。抗压强度是指木材在受到压缩负荷时能够承受的最大应力。试验严格按GB/T 1927.11—2022《无疵小试样木材物理力学性质试验方法 第11部分：顺纹抗压强度测定》及GB/T 1927.12—2021《无疵小试样木材物理力学性质试验方法 第12部分：横纹抗压强度测定》进行测定（图12-9）。

图12-9 抗压强度试验（A.顺纹抗压；B.横纹局部抗压；C.横纹弦向抗压；D.横纹径向抗压）

Figure12-9 Compressive strength test (A.parallel grain compressive strength ; B.transverse local compression ; C.transverse chordwise compression ; D.transverse radial compression)

由表12-9可知赤水蕈树木材的顺纹方向抗压强度最高为65.7 MPa，横纹径向抗压强度平均值为17.5 MPa，横纹弦向最小为16.4 MPa。参考木材力学分级标准赤水蕈树木材的顺纹抗压强度等级为4级（60.1～75.0 MPa），横纹抗压强度等级为5级（≥20.1 MPa）。生活中常用的杉木材顺纹抗压强度为35.4 MPa，可见赤水蕈树木材在抗压方面有良好的性能，在家具、建筑材方面有广泛的应用前景。

表12-9 赤水蕈树木材的抗压性能

Table12-9 Compressive properties of *Altingia multinervis*

检测项目	含水率/%	最小值/MPa	最大值/MPa	平均值/MPa	标准差/MPa	变异系数/%
顺纹抗压强度	12.8	65.1	65.7	65.4	3.42	5.23
横纹局部抗压强度	11.9	18.4	27.9	22.9	4.7	20.52
横纹径向抗压强度	12.5	14.7	19.0	17.5	2.43	13.88
横纹弦向抗压强度	12.5	13.2	18.8	16.4	2.97	18.11

三、抗剪强度

木材抵抗剪应力的最大能力，称为抗剪强度，在木材应用中需要考虑到木材抗剪强度以确保项目的稳定性和耐久性，通常以顺纹抗剪强度作为材性指标进行测定。试验严格按照国标GB/T 1927.16—2022《无疵小试样木材物理力学性质试验方法 第16部分：顺纹抗剪强度测定》进行测定（图12-10）。

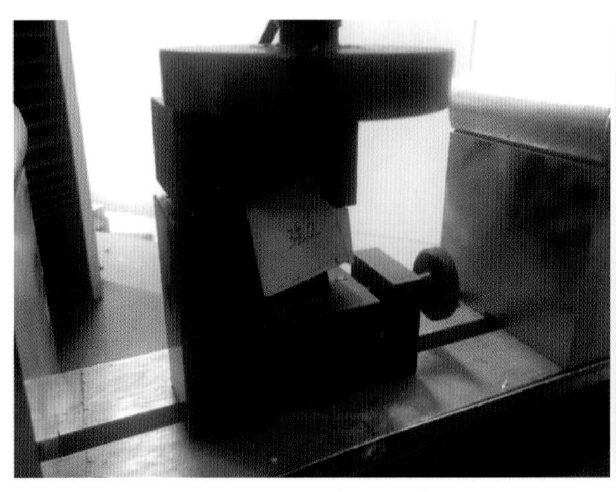

图12-10 抗剪强度测试（左：顺纹弦向；右：顺纹径向）

Figure12-10 Shear strength test（left：tangential direction to grain of wood；right：radial direction to grain of wood）

由表12-10可知赤水蕈树木材抗剪强度均值为14.25 MPa，刺槐木材抗剪强度均值为15.75 MPa，杉木材为6.7 MPa，杨木材为7.65 MPa。赤水蕈树木材抗剪强度与刺槐木材接近，均属于“中”等，高于杉木与杨木。赤水蕈树顺纹弦向抗剪强度比顺纹径向抗剪强度高出约21%，拥有更好的抗剪性能；此外木材的顺纹抗剪强度明显小于顺纹抗压强度，容易导致顺纹剪切破坏，因此在蕈木木材利用时要尽量避免木材承受剪切应力。

表 12-10　赤水蕈树木材的抗剪性能

Table12-10 Shear properties of *Altingia multinervis*

检测项目	含水率/%	最小值/MPa	最大值/MPa	平均值/MPa	标准差/MPa	变异系数/%
顺纹弦向抗剪强度	12.8	14.5	16.6	15.6	1.485	9.52
顺纹径向抗剪强度	12.6	11.8	14	12.9	1.556	12.06

四、木材硬度

木材硬度，是指木材抵抗刚体压入的能力，用来衡量木材的质地、密度和强度。木材的硬度与木材加工、利用关系密切，可作为选择建筑、运动器械、雕刻等用材的依据。本次实验采用的是金氏硬度，通过注射钢球的方式测试木材的硬度，测量结果用牛顿（N）表示。试验根据国标GB/T 1927.19—2021《无疵小试样木材物理力学性质试验方法 第19部分：硬度测定》的方法进行严格测定（图12-11）。

由表12-11可知，赤水蕈树木端面硬度平均为10 720 N，在本次实验中，依据国标GB/T 1927.19—2021，使用的半球型钢压头的半径为5.64 mm，根据P=F/A将所得以牛顿为单位的硬度值转换为兆帕，经换算其端面硬度值为107.2 MPa，而相较之下杉木的端面硬度值仅为26.5 MPa。参考木材力学分级标准，赤水蕈树木材的端面强度级别为5级（>100.1 MPa）。蕈树木材属于标准的硬木，其端面硬度甚至略高于我国很多硬木，木材坚硬紧实，适用于制作长久耐用的家具和建筑结构用材。

表 12-11　赤水蕈树木材的硬度

Table12-11 Hardness of *Altingia multinervis*

检测项目	含水率/%	最小值/N	最大值/N	平均值/N	标准差/N	变异系数/%
木材端面硬度	11.3	10 070	11 330	10 720	630.661	5.88
木材非端面硬度		7 434	8 952	8 210	559.650	6.82

经实验检测，赤水蕈树木材平均端面硬度为10 720 N，非端面硬度为8 210 N。常见的杉木硬度为2 600 N左右，杨木硬度为2 400 N左右，橡木的硬度为6 000 N左右。可见赤水蕈树木材的硬度远远高于软木，也高于大部分硬木，说明赤水蕈树相比传统的软木材料会有更广的应用场景。

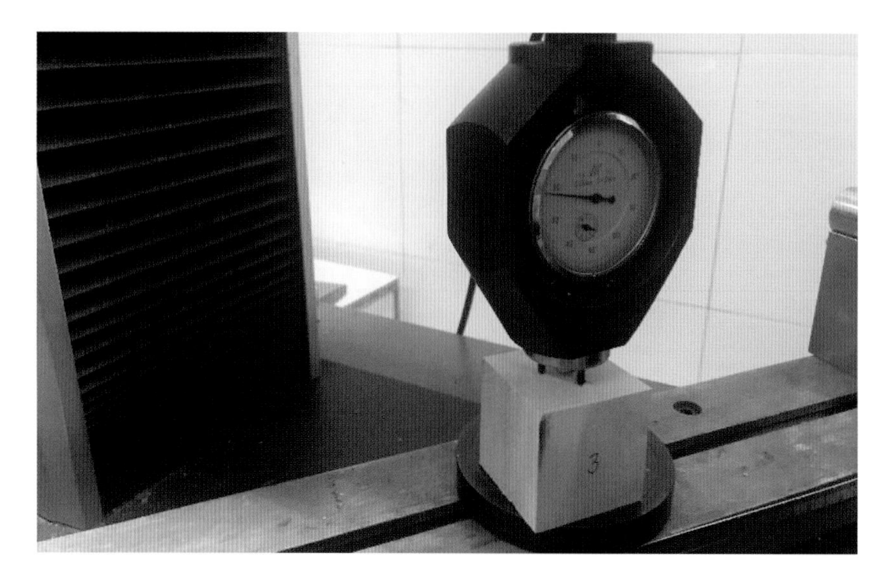

图 12-11　木材硬度试验
Figure12-11 Wood hardness test

五、冲击韧性

木材冲击韧性，是指木材受冲击力而弯曲折断时，试样单位面积所吸收的能量。吸收能量越大，表示木材的韧性越高而脆性越低。在生产中常以此作为枪托、飞机、车船、木桶、球棒及运动器械等用材的检验指标。试验根据国标 GB/T 1927.17—2021《无疵小试样木材物理力学性质试验方法 第 17 部分：冲击韧性测定》的方法进行严格测定（图 12-12）。

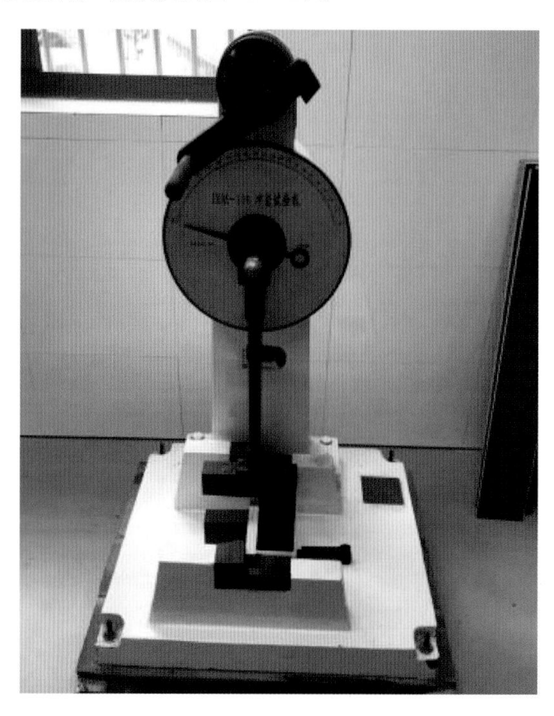

图 12-12　冲击韧性试验
Figure12-12 Impact toughness test

如表12-12所示赤水蕈树的冲击韧性平均值为130.8 kJ/m²,参考木材力学分级标准,赤水蕈树木材的冲击韧性级别为3级(85.1~145.0 kJ/m²),在同水平含水率情况下,杉木的冲击韧性平均值为37.77 kJ/m²,仅为蕈树的约1/4。赤水蕈树木材冲击韧性很高,脆性低,因此用赤水蕈树木材作结构材时,安全性较高,其还可作为军工用材和体育器材。

表12-12 木材的冲击韧性
Table12-12 Impact toughness of wood

检测项目	含水率/%	最小值/(kJ/m²)	最大值/(kJ/m²)	平均值/(kJ/m²)	标准差/(kJ/m²)	变异系数/%
冲击韧性	12.8	123.2	142.5	130.8	10.263	7.85

六、顺纹抗拉强度

木材顺纹抗拉强度,是指木材沿纹理方向承受拉力荷载的最大能力。在应用生产中,木材的顺纹抗拉强度直接影响到木材的结构设计和承载能力的评估。试验严格按国标GB/T 1927.14—2022《无疵小试样木材物理力学性质试验方法 第14部分:顺纹抗拉强度测定》进行测定(图12-13)。

如表12-13所示,赤水蕈树平均顺纹抗拉强度为165.4 MPa,参考木材力学分级标准,赤水蕈树木材的顺纹抗拉强度级别为4级(151.0 ~ 200.0 MPa)。

木材作为家具的承重构件时必须考虑它的顺纹抗压强度和抗弯强度。另外,通常用顺纹抗压强度和抗弯强度之和来表示木材的综合强度。赤水蕈树木材平均顺纹抗压强度为65.4 MPa,综合强度为230.8 MPa;刺槐木材平均顺纹抗压强度为46.05 MPa,综合强度为229.26 MPa。均属于高强度木材。总体而言,赤水蕈树木材优良,适合作为建构用材及家具用材。

表12-13 木材的抗拉性能
Table12-13 Tensile properties of wood

检测项目	含水率/%	最小值/MPa	最大值/MPa	平均值/MPa	标准差/MPa	变异系数/%
顺纹抗拉强度	11.8	159.6	171.1	165.4	8.132	4.92

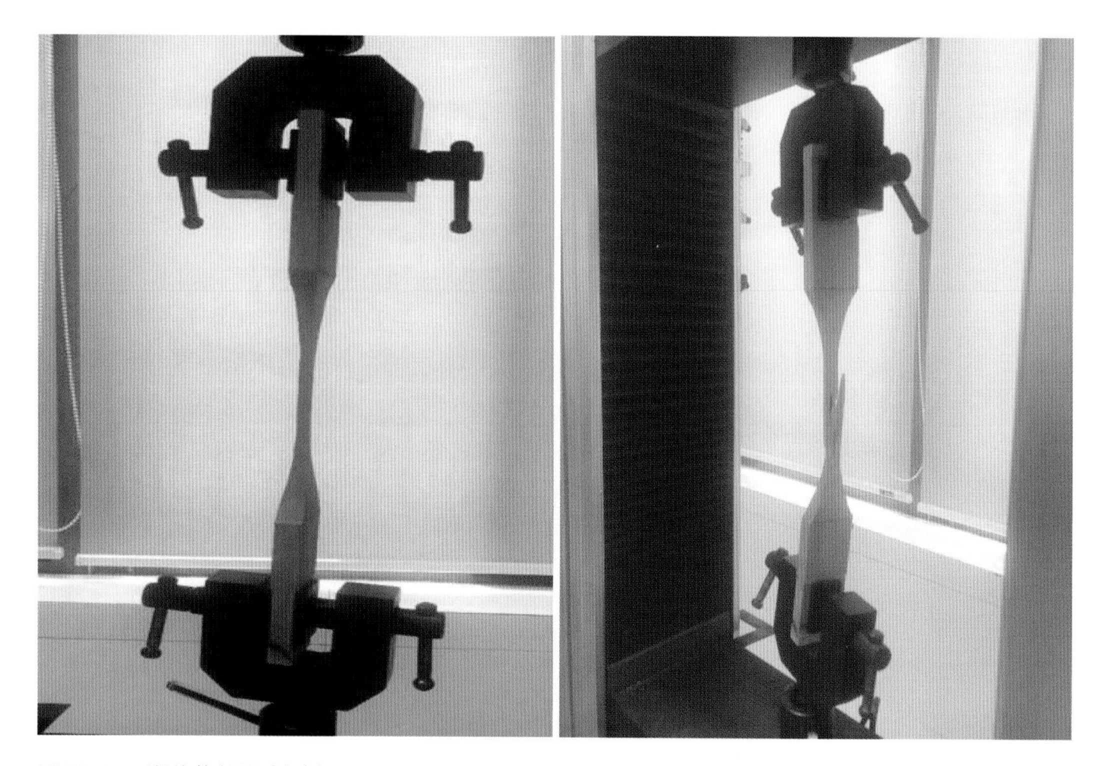

图12-13　顺纹抗拉强度测定

Figure12-13 Determination of tensile strength parallel to grain

第五节

木材的天然耐腐防霉性

对于木材天然耐腐防霉性的测定意义非常重大，因为木材的耐腐防霉性能对于木制品的质量和寿命具有重要影响。如果木材不具备有效的耐腐防霉性能，会导致木制品在较短的时间内出现腐蚀、霉变和老化，从而缩短其使用寿命。因此，测定木材的天然耐腐防霉性，能够帮助我们更好地了解木材的特性和适用范围，从而在建筑、家具、装饰等领域中实现木材的高效利用和优化配置。

一、天然耐腐性

对于木材的天然耐腐性，按照GB/T 13942.1—2009《木材耐久性能 第1部分：天然耐腐性实验室试验方法》进行测定，本次实验选择了2种腐朽菌测定蕈木的天然耐腐性，分别为黄孢原毛平革菌（*Phanerochaete chrysosporium*；以下简称PC）和彩绒革盖菌（*Coriolus versicolor*；以下简称CV）。实验室天然耐腐实验是将木材置于长满了菌丝的器皿中，在温度28 ℃，相对湿度80%的最适宜腐朽菌生长的环境中，让腐朽菌侵蚀木块12周以上（图12-14）。通过侵蚀前后木块的质量变化，计算质量损失率，依据表12-14判断木材的耐腐性能，为了确保实验结果的准确性，根据国标选取杨木作为对照试样。

表12-14　木材天然耐腐等级评定标准

Table12-14 Evaluation standard of natural decay resistance grade of wood

等级	质量损失率/%	耐腐程度
Ⅰ	0 ~ 10	强耐腐
Ⅱ	11 ~ 24	耐腐
Ⅲ	25 ~ 44	稍耐腐
Ⅳ	45 ~	不耐腐

图 12-14　耐腐实验过程

Figure12-14 anti-corrosion experiment process

由表 12-15 可知，在 PC 的耐腐实验中，当对照组杨木的平均质量损失率达到 37.80% 时，蕈树木材的平均质量损失率为 11.00%，其耐腐等级虽不属于Ⅰ级强耐腐等级(要求质量损失≤10%)，但属于Ⅱ级耐腐等级，且已经很接近Ⅰ级强耐腐等级，说明蕈树木材对 PC 的天然耐腐性较好。

表 12-15　PC 防腐实验

Table12-15 PC anti-corrosion experiment

实验项目	平均值	标准差	最小值	最大值	变异系数
实验前杨木绝干重	1.64 g	0.049 5 g	1.60 g	1.67 g	3.03%
实验后杨木绝干重	1.02 g	0.028 3 g	1.00 g	1.04 g	2.77%
杨木质量损失率	37.61%	0.16%	37.50%	37.72%	0.42%
实验前蕈木绝干重	3.00 g	0.068 5 g	2.94 g	3.08 g	2.28%
实验后蕈木绝干重	2.67 g	0.166 6 g	2.52 g	2.89 g	6.25%
蕈木质量损失率	11.26%	4.53%	6.17%	15.79%	40.22%

由表 12-16 可知，当对照组杨木的质量损失率达到 37.61% 时，赤水蕈树木材的质量损失率为 11.26%，其耐腐等级虽达不到Ⅰ级强耐腐等级(要求质量损失率≤10%)，但属于Ⅱ级耐腐等级，且平均质量损失率为 11.26%，已非常接近Ⅰ级强耐腐等级，说明赤水蕈树木材的天然耐腐性良好，使用寿命长，稳定性好。

表 12-16　CV防腐实验结果

Table12-16 CV anti-corrosion experiment

实验项目	平均值	标准差	最小值	最大值	变异系数
实验前杨木绝干重	1.64 g	0.028 3 g	1.62 g	1.66 g	1.72%
实验后杨木绝干重	0.25 g	0.014 1 g	0.24 g	0.26 g	5.66%
杨木质量损失率	84.76%	1.125 4%	83.95%	85.54%	1.33%
实验前蕈木绝干重	2.94 g	0.069 4 g	2.86 g	3.05 g	2.36%
实验后蕈木绝干重	1.84 g	0.576 4 g	1.16 g	2.69 g	31.41%
蕈木质量损失率	37.41%	20.573 7%	7.56%	60.81%	55.14%

二、天然防霉性

很多木材容易感染霉菌，发霉虽然较小程度影响木材的力学性质，但会使木材发生变色，从而影响其外观品质，并直接影响其经济价值。本实验选择了两种在自然界分布广泛的霉菌来检测赤水蕈树的天然防霉性能，菌种分别为黑曲霉（*Aspergillus niger*）和绿色木霉（*Trichoderma viride*），按照GB/T 18261—2013《防霉剂对木材霉菌及变色菌防治效力的试验方法》进行测定（图12-15、图12-16）。

图 12-15　黑曲霉防霉实验

Figure12-15 *Aspergillus niger* anti-mold experiment

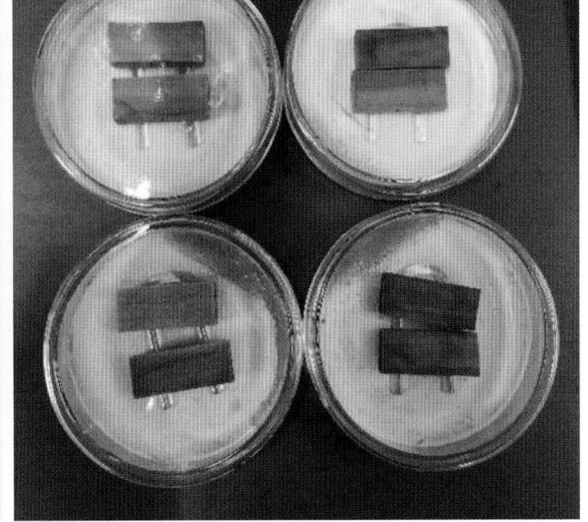

图 12-16　绿色木霉防霉实验

Figure12-16 *Trichoderma viride* anti-mold experiment

通过观察图12-15和图12-16可知，将赤水蕈树木材置于长满两种霉菌的培养皿中，经过4周的实验，木材表面没有任何霉菌侵害的迹象，说明该木材对黑曲霉和绿色木霉具有良好的天然防霉性，不容易产生发霉现象。

第六节
木材材性小结

通过对赤水蕈树木材的各项性能指标进行测定，得到了以下结论。

（1）赤水蕈树木材纹理斜或略交错，为散孔材，管孔较小，木射线较细，轴向薄壁组织量少，结构甚细且均匀；导管为梯状穿孔，说明蕈树是较为原始的树种；木射线中菱形晶体常见，可以增加木材的硬度。

（2）木纤维长度为中等，长径比中等、壁腔比较小，是比较好的纤维原料。

（3）赤水蕈树木材的气干密度均值为0.80 g/cm^{3}左右，根据我国木材气干密度分析情况，属于“重”级别，说明其密度较大，材质致密。

（4）木材径向干缩率和湿胀率较小，说明如果其作为径切板使用，则尺寸稳定性较高。但其径向和弦向的尺寸稳定性差异较大，说明其不适合作为弦切板使用。此外该木材差异干缩稍大，说明如果干燥工艺不适当，木材容易发生翘曲和开裂等情况，需慎重考虑加工干燥的方式。

（5）整体来看，赤水蕈树木材的力学强度较高，其抗弯强度为128.90 MPa（均值，下同），抗弯弹性模量为19.72 GPa，顺纹抗压强度为65.4 MPa，端面硬度为10 720 N，冲击韧性为130.8 kJ/m^2，顺纹抗拉强度为165.4 MPa，参考木材力学分级标准，赤水蕈树木材的多项力学强度除冲击韧性外都达到了4级或最高级5级，其冲击韧性为3级，属于中等，说明赤水蕈树在抵抗外部破坏力时的能力较强，远远超过一般的杉木、松木等常见木材，可以与一些硬木相媲美。

（6）赤水蕈树木材的耐腐性属于Ⅱ级耐腐等级，不能完全抵制腐朽菌的侵蚀，但侵蚀速度较慢。其对黑曲霉和绿色木霉的防霉性能较好。

总的来看，赤水蕈树木材材质细腻、密度较大、强度较大，但不易干燥、容易开裂、耐腐性中等、边材容易变色，在利用的过程中要注意改善这些不利影响。从其材质和力学强度来看，赤水蕈树木材的强度远高于杨木、杉木、松木等软木木材，甚至高于槐木、橡木等硬木木材，说明其木材的应用范围很广，可以作为建筑结构用材和高档家具用材，以及军工用材、造船用材和体育器材等。

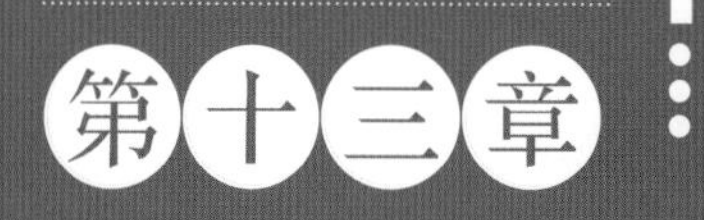

濒危原因及保护展望

第一节
濒危原因

一、生物学濒危因素

（一）表型变异程度低导致适应性弱

表型变异系数作为评估表型性状离散程度的度量指标，其数值的增加代表着表型性状离散程度的提升。有研究表明，植物群体的变异程度反映了其适应不同环境条件的能力，变异系数的增加意味着植物能适应更广泛的环境条件。赤水蕈树13个性状的平均变异系数为21.25%，与同科广布种枫香树（27.01%）、贵州赤水特有植物小黄花茶（10.22%）以及主要分布在西南地区的国家二级保护野生植物水青树（*Tetracentron sinense*）（23.20%）相比较，赤水蕈树的表型变异程度低于枫香树和水青树，高于小黄花茶（图13-1）。总体而言，赤水蕈树表型变异程度较低，适生性相对较弱。

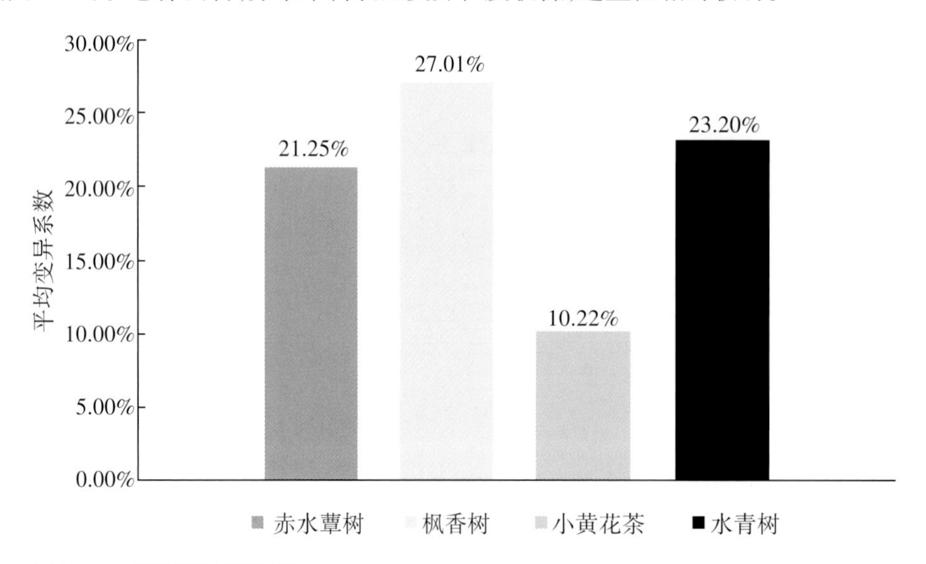

图13-1　表型变异系数对比

Figure13-1 Comparison of phenotypic coefficient of variation

（二）繁殖力低导致自然更新缓慢

在10个居群中共调查到2 017株赤水蕈树，其中幼树共354株，幼苗330株，幼树和幼苗平均占比为17.55%和21.10%（表13-1）。其中，包家沟居群幼树和幼苗占比相对较高（34.33%和44.78%），自然更新能力相对较高；登子垒居群的幼树和幼苗占比最低（4.32%和5.41%），自然更新能力最差。总体而言，赤水蕈树种子小，主要依靠风媒传播，传播效率较低，10个居群中幼树幼苗占比低，自然更新缓慢。

表13-1 自然更新情况

Table13-1 Natural regeneration

居群	株数/株	幼树/株	幼树比例/%	幼苗/株	幼苗比例/%
天台山	153	35	22.88	40	26.14
磨岩	66	10	15.15	25	37.88
半水沟	270	50	18.52	35	12.96
中洞坪	179	25	13.97	20	11.17
莲花台	439	60	13.67	50	11.39
登子垒	185	8	4.32	10	5.41
尖山	114	23	20.18	30	26.32
包家沟	67	23	34.33	30	44.78
红石梁	153	35	22.88	30	19.61
上磨子园	391	85	21.74	60	15.35
合计	2 017	354	—	330	—

（三）遗传多样性处于中等水平导致抗逆性较弱

赤水蕈树基因流（Nm=0.654 2<1）水平偏低，即10个居群间交流较少，推测生境片段化导致了遗传漂变造成的遗传分化。赤水蕈树居群大多位于陡峭山坡地带上，分布狭窄，居群间基因交流困难，并且主要通过种子进行繁殖，传播效率低，生长困难，导致其遗传多样性处于中等水平。因此，赤水蕈树对于环境的适应能力和抗逆性均较低。

二、种群及生境威胁因素

（一）野生居群受威胁程度高

调查发现，赤水蕈树10个居群中，大部分居群位于村庄附近，受人为活动干扰严重，其中有5个居群受人为因素干扰，占总分布点数的50%。主要干扰活动：农民为抚育毛竹，经常砍掉赤水蕈树以促进毛竹生长，且竹类的无性繁殖扩张导致原始生境破碎化。这样的活动会引起植被破坏，使赤水蕈树的居群受到一定程度的干扰，进一步导致其生境的丧失。

（二）保护力度不足

调查显示，赤水蕈树10个居群中有6个位于保护区内，其余4个位于非保护区内，整体保护率为60%（表13-2），保护成效一般。另外，值得注意的是，在保护区范围内发现的赤水蕈树分布点并未处于核心区，这些地点仍在受到人为干扰。依据调查，仅有贵州黔南植物园和黔北植物园两个保育场所对赤水蕈树进行了迁地保育。其中三都珍稀植物园保育赤水蕈树约1 000株，占调查到的赤水蕈树迁地保育植株总数的95.24%；黔北珍稀植物园保育赤水蕈树约50株，占调查到的赤水蕈树迁地保育植株总数的4.76%；同时另有贵州大学和贵州赤水桫椤国家级自然保护区管理局在保护区金沙沟等地实施野外回归，回归基地面积约0.67 hm^2（表13-3）。

表13-2　就地保护情况

Table13-2 In-situ protection

居群	是否位于保护区	保护地名称
天台山	否	—
磨岩	否	—
半水沟	是	贵州赤水桫椤国家级自然保护区
中洞坪	否	—
莲花台	是	贵州赤水桫椤国家级自然保护区
登子垒	是	贵州赤水竹海国家森林公园
尖山	是	贵州赤水竹海国家森林公园
包家沟	是	贵州赤水竹海国家森林公园
红石梁	否	—
上磨子园	是	贵州赤水桫椤国家级自然保护区

表13-3　迁地保育及野外回归情况

Table13-3 Ex-situ conservation and field regression

名称	保育数量/回归面积
三都珍稀植物园	约1 000株
黔北珍稀植物园	约50株
贵州大学和贵州赤水桫椤国家级自然保护区管理局	0.67 hm^2

第二节
保护展望

一、指导思想

以习近平生态文明思想为指导，围绕“五位一体”总体布局，遵循自然规律和经济规律，立足新发展阶段，完整、准确、全面贯彻新发展理念，构建新发展格局，坚持以生态保护为根本，以可持续利用、公平分享利用资源产生的惠益为目标。依托全省“乡村振兴、大数据、大生态”新三大战略，守住生态与发展两条底线，以赤水蕈树就地保护为重点，统筹迁地保护，积极完善法律法规政策体系和管理体系，加大执法、宣传、科研和投资力度，推进保护体系与机制建设，确保重要生态系统、生物物种和生物遗传资源得到全面保护，将赤水蕈树保护理念融入生态文明建设过程，促进赤水蕈树保护事业高质量发展，加快推进人与自然和谐共生的现代化。

二、基本原则

（一）就地保护为主，迁地保护为辅

整合优化以赤水蕈树为主要保护对象的自然保护地体系，提升保护管理能力，规范管理，通过科学管理、生态修复等措施，提升原生地的生态质量，维持其生态系统、种群、个体以及遗传多样性，确保赤水蕈树种群健康繁衍。

同时，辅助开展赤水蕈树迁地保护工作，综合考虑生态环境、气候条件等因素，选择合适地区进行移植，并实施监测和管理，以确保移植成功率和生长状况佳，积极探索优质生境，促进赤水蕈树种群增长和繁衍，增加其种群数量和提升其遗传多样性。

（二）助力乡村振兴，实现共建共管共享

将赤水蕈树保护项目与当地乡村振兴战略深度融合，通过培训当地护林员、开展生态旅游等方式，为当地经济发展注入新动能，吸引政府、企业和社会力量共同参与，形成多方共建共管的保护模式，实现生态资源共享，共同推动当地可持续发展。

（三）强化赤水蕈树宣传，全民保护

制定科学宣传策略，针对不同群体，通过科普讲座、媒体报道、社交媒体等渠道，深入推进赤水蕈树保护知识的普及。同时，加强对非法砍伐、盗挖行为的舆论谴责，提高公众对赤水蕈树保护的认知和支持度，形成全社会共同保护的良好氛围。

（四）部门协作，多方参与

应打破行业界限，借助贵州赤水桫椤国家级自然保护区管理局、植物园和科研院所等单位资源，建立协作机制，形成合力。政府部门负责加强监管，提供政策支持和法律保护；科研机构则提供专业技术支持；社会组织和企业则提供资金和资源支持。在确立责任、权力和利益的基础上，统筹各方资源，动员社会各界积极参与赤水蕈树保护，形成全社会共同推动的良好态势。

（五）实现永续利用

制定长期的保护规划和管理方案，保障赤水蕈树资源得到永续利用。通过科学研究和技术创新，挖掘赤水蕈树的生态、经济和社会价值，探索可持续的资源利用模式。同时，加强监测和评估，灵活调整管理策略，确保资源的可持续利用和长期保护目标的实现。

三、保护目标

（一）近期目标（2024—2029年）

1.全面调查与信息采集

开展原生赤水蕈树、固定样地中赤水蕈树植株与生境特征的全覆盖调查，通过每树挂牌、网格定位、指标检测等方式精确采集并记录详细数据，构建赤水蕈树种群株数、生存范围、伴生种类、生境特征及其受威胁因素等详细信息数据集，形成赤水蕈树种群全面基础数据库，构建种群动态变化预测与监测系统，为种群可持续发展与恢复提供全面准确的调研数据。

2.健康状况评估

针对赤水蕈树所有个体进行健康评估和检测工作，评估包括检查是否存在病虫害，观察生长状况，以及观察是否开始开花结实等，了解赤水蕈树种群的生态状况和繁殖情况，为后续的保护和管理提供全面依据，为保护区内赤水蕈树种群的繁衍提供支持。

3.维持种群稳定和安全

开展赤水蕈树种群与所在群落物种组成基础调研，结合阶段性调查分析群落演替进程与赤水蕈树种群结构动态变化，确保种群稳定正向更新发展。必要时开展主要伴生种间关系调查，人为调节

竞争种间结构关系，增强赤水蕈树种群野外繁育、空间占有和资源竞争优势，保证种群最小更新与维持“基数”，确保种群稳定与安全。

4.实施生境修复

此阶段是赤水蕈树保护的关键时期，重点在于确保赤水蕈树种群的稳定，并进行生境的修复与改善，以提升其生存环境的质量和适宜度。

（二）远期目标（2029—2034年）

1.种群复壮和保育扩繁

此阶段旨在实现赤水蕈树种群的复苏和保育扩繁，通过保护区赤水蕈树保育与科研监测宣传体系的建设，为赤水蕈树保护工作的长期发展奠定基础。

2.构建保护区“旗舰种”保育体系

建立完善的保护区赤水蕈树保育与科研监测宣传体系，通过相关政府部门、行业主管部门和社会大众的共同努力，让赤水蕈树保护成效显现并深入人心，形成长期的示范效应和持续的关注与参与。

参考文献

[1] YOUSAF A, HADI R, KHAN N, et al. Identification of suitable habitat for *Taxus wallichiana* and *Abies pindrow* in moist temperate forest using maxent modelling technique [J]. Saudi journal of biological sciences, 2022, 29(12): 103459.

[2] ÁLVAREZ-YÉPIZ J C, BÚRQUEZ A, DOVČIAK M. Ontogenetic shifts in plant-plant interactions in a rare cycad within angiosperm communities[J]. Oecologia, 2014, 175(2): 725-735.

[3] HAZARIKA A, DEKA J R, MAJUMDAR K, et al. Modelling changes in distribution of the rheophytic tree species *Barringtonia Acutangula* (L.) Gaertn. due to climate change[J]. Wetlands, 2022, 42(7): 94.

[4] ARMESTO J J, CASASSA I, DOLLENZ O. Age structure and dynamics of Patagonian beech forests in Torres del Paine National Park, Chile[J]. Vegetatio, 1992, 98(1): 13-22.

[5] BARNOSKY A D, MATZKE N, TOMIYA S, et al. Has the Earth's sixth mass extinction already arrived?[J]. Nature, 2011, 471(7336): 51-57.

[6] BISHARA A J, HITTNER J B. Testing the significance of a correlation with nonnormal data: comparison of Pearson, Spearman, transformation, and resampling approaches[J]. Psychological methods, 2012, 17(3): 399-417.

[7] BOX E O, FUJIWARA K. A comparative look at bioclimatic zonation, vegetation types, tree taxa and species richness in northeast Asia[J].Botanica pacifica, 2012, 1(1): 5-20.

[8] CALERO C, IBANEZ O, MAYOL M, et al. Random amplified polymorphic DNA (RAPD) markers detect a single phenotype in *Lysimachia minoricensis* J.J. Rodr. (Primulaceae), A wild extinct plant[J]. Molecular ecology, 1999, 8(12): 2133-2136.

[9] CHHETRI P K, BISTA R, CAIRNS D M. Population structure and dynamics of *Abies spectabilis* at treeline ecotone of Barun Valley, Makalu Barun National Park, Nepal[J]. Acta ecologica sinica, 2016, 36(4): 269-274.

[10] COLWELL R K, FUTUYMA D J. On the measurement of niche breadth and overlap[J]. Ecology, 1971, 52(4): 567-576.

[11]DAFNI A. Pollination ecology: a practical approach[M]. Oxford: Oxford University Press,1992.

[12]DOMPREH D. Biology and conservation of the endangered Ghanaian endemic tree *Talbotiella gentii* [D].Aberdeen: University of Aberdeen,2008.

[13]ELITH J, LEATHWICK J R. Species distribution models: ecological explanation and prediction across space and time[J]. Annual review of ecology, evolution, and systematics, 2009, 40: 677-697.

[14]ELITH J, H. GRAHAM C, P. ANDERSON R, et al. Novel methods improve prediction of species' distributions from occurrence data[J]. Ecography, 2006, 29(2): 129-151.

[15]ELLSTRAND N C, ELAM D R. Population genetic consequences of small population size: implications for plant conservation[J]. Annual review of ecology, evolution, and systematics, 1993, 24: 217-242.

[16]RIOS E F, KENWORTHY K E, MUNOZ P R. Association of phenotypic traits with ploidy and genome size in annual ryegrass[J]. Crop science, 2015, 55(5): 2078-2090.

[17]GODT M J W, JOHNSON B R, HAMRICK J L. Genetic diversity and population size in four rare southern appalachian plant species[J]. Conservation biology, 1996, 10(3): 796-805.

[18]GRINNELL J. Field tests of theories concerning distributional control[J]. The American naturalist, 1917, 51(602): 115-128.

[19]HARCOMBE P A. Tree life tables[J]. BioScience, 1987, 37(8): 557-568.

[20]JONES R C, MCKINNON G E, POTTS B M, et al. Genetic diversity and mating system of an endangered tree *Eucalyptus morrisbyi*[J]. Australian journal of botany, 2005, 53(4): 367-377.

[21]KANG D, GUO Y, REN C, et al. Population structure and spatial pattern of main tree species in secondary *Betula platyphylla* forest in Ziwuling mountains, China[J]. Scientific reports, 2014, 4(1): 6873.

[22]BELYEA L R, LANCASTER J. Assembly rules within a contingent ecology[J]. Oikos, 1999, 86(3): 402-416.

[23]LEVINE J M, HILLERISLAMBERS J. The importance of niches for the maintenance of species diversity[J]. Nature, 2009, 461(7261): 254-257.

[24]LEVINS R. Evolution in Changing environments: some theoretical explorations(MPB-2)[M]. Princeton: Princeton University Press, 1968.

[25]ZHANG L, ZHANG H, CHEN Y, et al. Analyses of community stability and inter-specific associations between a plant species with extremely small populations (*Hopea hainanensis*) and its associated species [J]. Frontiers in ecology and evolution, 2022, 10: 922829.

[26]NUNES Y, PETRERE M. Structure and dynamics of a *Cariniana estrellensis* (Lecythidaceae) population in a fragment of Atlantic Forest in Minas Gerais, Brazil[J]. Rodriguésia, 2012, 63: 257-267.

[27]MILNE J A, HARTLEY S E. Upland plant communities — sensitivity to change[J]. Catena, 2001, 42(2): 333-343.

[28]PIANKA E R. The structure of lizard communities[J]. Annual review of ecology and systematics, 1973, 4(1): 53-74.

[29]PIMM S L, JENKINS C N, ABELL R, et al. The biodiversity of species and their rates of extinction, distribution, and protection[J]. Science, 2014, 344(6187): 1246752.

[30]RAMZAN M, SARWAR S, KAUSER N, et al. Assessment of inter simple sequence repeat (ISSR) and simple sequence repeat (SSR) markers to reveal genetic diversity among *Tamarix ecotypes*[J]. Journal of King Saud University-Science, 2020, 32(8): 3437-3446.

[31]SCHÄDLER M, ALPHEI J, SCHEU S, et al. Resource dynamics in an early-successional plant community are influenced by insect exclusion[J]. Soil biology and biochemistry, 2004, 36(11): 1817-1826.

[32]SCHLUTER D. A variance test for detecting species associations, with some example applications[J]. Ecology, 1984, 65(3): 998-1005.

[33]PARVEEN S, KAUR S, BAISHYA R, et al. Predicting the potential suitable habitats of genus *Nymphaea* in India using MaxEnt modeling[J]. Environmental monitoring and assessment, 2022, 194(12): 853.

[34] TILMAN D. Causes, consequences and ethics of biodiversity [J]. Nature, 2000, 405 (6783) : 208-211.

[35]VANNETTE R L, FUKAMI T. Historical contingency in species interactions: towards niche-based predictions[J]. Ecology letters, 2014, 17(1): 115-124.

[36]WALTHER G R, BEISSNER S, BURGA C A. Trends in the upward shift of alpine plants[J]. Journal of vegetation science, 2005, 16(5): 541-548.

[37]LI Y, SHAO W, HUANG S, et al. Prediction of suitable habitats for *Sapindus delavayi* based on the MaxEnt model[J]. Forests, 2022, 13(10): 1611.

[38]SHEN Y, TU Z, ZHANG Y, et al. Predicting the impact of climate change on the distribution of two relict *Liriodendron* species by coupling the MaxEnt model and actual physiological indicators in relation to stress tolerance[J]. Journal of environmental management, 2022, 322: 116024.

[39]陈少瑜,付玉嫔,吴涛,等.濒危植物大果木莲种群格局及濒危原因分析[J].植物资源与环境学报,2012,21(2):102-106.

[40]陈晓德.植物种群与群落结构动态量化分析方法研究[J].生态学报,1998(2):104-107.

[41]陈新美,雷渊才,张雄清,等.样本量对MaxEnt模型预测物种分布精度和稳定性的影响[J].林业科学,2012,48(1):53-59.

[42]陈玉凯,杨琦,莫燕妮,等.海南岛霸王岭国家重点保护植物的生态位研究[J].植物生态学报,2014,38(6):576-584.

[43]段帆,李珊,甘小洪.濒危植物水青树叶表型性状多样性分析[J].亚热带植物科学,2020,49(1):32-40.

[44]付迪.珍稀濒危植物天目铁木的生殖生物学研究[D].杭州:杭州师范大学,2019.

[45]高娜,姚洪锡,姜雪峰,等.松材线虫染病黑松上松褐天牛与褐梗天牛生态位的研究[J].中国森林病虫,2013,32(5):4-7.

[46]葛颂,洪德元.濒危物种裂叶沙参及其近缘广布种泡沙参的遗传多样性研究[J].遗传学报,1999(4):410-417.

[47]龚容,高琼,王亚林.围封对温带半干旱典型草原群落种间关联的影响[J].植物生态学报,2016,40(6):554-563.

[48]贺金生,陈伟烈,李凌浩.中国中亚热带东部常绿阔叶林主要类型的群落多样性特征[J].植物生态学报,1998(4):16-24.

[49]贺水莲,杨扬,杜娟,等.云南省极小种群野生植物保护研究现状——基于遗传多样性分析[J].安徽农业科学,2016,44(6):31-34.

[50]胡燕芳.珍稀濒危植物的濒危机制与保护对策[J].黑龙江粮食,2021(5):127-128.

[51]贵州省环境保护局.贵州珍稀濒危植物[M].北京:中国环境科学出版社,1989.

[52]姬柳婷.4种重楼属植物潜在适生区对气候变化的响应及主导气候因子分析[D].咸阳:西北农林科技大学,2020.

[53]姜汉侨,段昌群,杨树华,等.植物生态学[M].北京:高等教育出版社,2004.

[54]蒋霞.西北干旱区多种植物地理分布与气候的相关性及其可能潜在分布预测[D].北京:中国科学院研究生院(植物研究所),2003.

[55]解婷婷,苏培玺,周紫鹃,等.荒漠绿洲过渡带沙拐枣种群结构及动态特征[J].生态学报,2014,34(15):4272-4279.

[56]康冰,刘世荣,温远光,等.广西大青山南亚热带次生林演替过程的种群动态[J].植物生态学报,2006(6):931-940.

[57]李树龙.用SSR和RFLP分子标记分析小麦B基因组起源[D].北京:中国农业科学院,2000.

[58]李文英,顾万春.蒙古栎天然群体表型多样性研究[J].林业科学,2005(1):49-56.

[59]李先琨,苏宗明,向悟生,等.濒危植物元宝山冷杉种群结构与分布格局[J].生态学报,2002(12):2246-2253.

[60]李宗艳,郭荣.木莲属濒危植物致濒原因及繁殖生物学研究进展[J].生命科学研究,2014,18(1):90-94.

[61]林增顺,刘冠明,徐庆国.利用SRAP标记分析水稻新品系遗传多样性[J].基因组学与应用生物学,2019,38(4):1683-1688.

[62]刘海洋,金晓玲,沈守云,等.湖南珍稀濒危植物——珙桐种群数量动态[J].生态学报,2012,32(24):7738-7746.

[63]刘萍萍,程积民.植物种间联结关系的研究[J].水土保持研究,2000(2):179-184.

[64]刘普幸.疏勒河中下游绿洲胡杨种群结构与动态研究[J].自然资源学报,2011,26(3):429-439.

[65]刘润红,常斌,荣春艳,等.漓江河岸带枫杨群落主要木本植物种群生态位[J].应用生态学报,2018,29(12):3917-3926.

[66]刘晓,岳明,任毅.独叶草叶片性状表型多样性研究[J].西北植物学报,2011,31(5):950-957.

[67]刘益鹏,叶兴状,叶利奇,等.观光木群落优势树种生态位和种间联结[J].应用生态学报,2022,33(10):2670-2678.

[68]刘运东,王绍明,王伟,等.新疆玛纳斯麻黄生态保护区植物群落特征及其多样性分析[J].干旱区资源与环境,2008(7):192-196.

[69]刘紫薇.湘西主要乡土树种光特性和种间联结研究及森林经营启示[D].北京:北京林业大学,2020.

[70]刘遵春,曹娓,薛晓静,等.不同君迁子野生居群表型性状遗传多样性研究[J].河南科技学院学报(自然科学版),2021,49(5):19-25.

[71]龙婷.东北红豆杉种群数量动态及其繁殖特性研究[D].北京:北京林业大学,2018.

[72]罗光佐,施季森,尹佟明,等.利用RAPD标记分析北美鹅掌楸与鹅掌楸种间遗传多样性[J].植物资源与环境学报,2000(2):9-13.

[73]马克平.生物群落多样性的测度方法Ⅰα多样性的测度方法(上)[J].生物多样性,1994(3):162-168.

[74]马麒,宿俊吉,宁新柱,等.新疆海岛棉种质资源表型性状遗传多样性分析[J].新疆农业科学,2016,53(2):197-206.

[75]满虹宇.松墨天牛和褐梗天牛时空生态位特征与影响因子研究[D].泰安:山东农业大学,2022.

[76]潘春柳.珍稀濒危植物单性木兰生殖生态学研究[D].南宁:广西大学,2007.

[77]彭李菁.鼎湖山气候顶极群落种间联结变化[J].生态学报,2006(11):3732-3739.

[78]秦爱丽,马凡强,许格希,等.珍稀濒危树种峨眉含笑种群结构与动态特征[J].生态学报,2020,40(13):4445-4454.

[79]邱英雄.中国特有濒危植物明党参的保护生物学研究[D].杭州:浙江大学,2003.

[80]曲仲湘,吴玉树,王焕校,等.植物生态学[M].2版.北京:人民教育出版社,1983.

[81]任晴，袁位高，吴初平，等.浙江省红楠生境地群落数量分类和环境解析[J].生态学报，2020，40(15)：5277-5287.

[82]申仕康，马海英，王跃华，等.濒危植物猪血木(*Euryodendron excelsum* H. T. Chang)自然种群结构及动态[J].生态学报，2008(5)：2404-2412.

[83]苏晓华，张绮纹，郑先武，等.利用RAPD分析大青杨天然群体的遗传结构[J].林业科学，1997(6)：504-512.

[84]覃林.统计生态学[M].北京：中国林业出版社，2009.

[85]汤景明，艾训儒，易咏梅，等.鄂西南木林子常绿落叶阔叶混交林恢复过程中优势树种生态位动态[J].生态学报，2012，32(20)：6334-6342.

[86]唐培玉，孟瑞瑞.受威胁植物濒危等级划分概述[J].内蒙古环境科学，2008，20(6)：10-12.

[87]汪松，解焱.中国物种红色名录.第一卷.红色名录[M].北京：高等教育出版社，2004.

[88]王合玲，张辉国，吕光辉.艾比湖湿地植物群落的数量分类和排序[J].干旱区资源与环境，2013，27(3)：177-181.

[89]王宏利.39种建兰表型性状评价及遗传多样性分析[D].南宁：广西大学，2020.

[90]王洪振，王姝，邝盼盼，等.DNA分子标记技术及其在植物育种中的应用[J].吉林师范大学学报(自然科学版)，2016，37(1)：108-111.

[91]王利肖.亚热带淡水河流巴河细菌群落格局及其演替机制研究[D].武汉：华中科技大学，2021.

[92]王连军，杨庆华，高伟祥，等.木芙蓉的繁育系统及传粉生物学[J].东北林业大学学报，2021，49(1)：55-59.

[93]王瑞，安裕伦，王培彬，等.贵州省生物多样性热点地区研究[J].水土保持研究，2014，21(6)：152-157.

[94]王跃华，闵天禄，胡晓立，等.山茶科濒危植物猪血木的生态与繁殖特性[J].云南植物研究，2002(6)：725-732.

[95]王卓，黄荣凤，王林和，等.毛乌素沙地天然臭柏种群生命表分析[J].中国沙漠，2009，29(1)：118-124.

[96]文国卫，叶兴状，施晨阳，等.基于优化的MaxEnt模型预测赤水蕈树的潜在适宜区[J].广西植物，2022，42(3)：363-372.

[97]吴承祯，洪伟.林木生长的多维时间序列分析[J].应用生态学报，1999(4)：12-15.

[98]吴建国，周巧富.中国嵩草属植物地理分布模式和适应的气候特征[J].植物生态学报，2012，36(3)：199-221.

[99]吴漫玲，姚兰，艾训儒，等.水杉原生种群核心种质资源的繁殖特性[J].生物多样性，2020，28(3)：303-313.

[100]武承旭,刘福,孔祥波,等.云南松3种切梢小蠹梢转干期竞争共存的时空生态位[J].林业科学,2020,56(3):90-99.

[101]夏腾飞,孙秀秀,陈加利,等.海南岛油茶种质资源叶片表型多样性分析[J].分子植物育种,2022,20(16):5484-5494.

[102]肖宜安,何平,李晓红,等.濒危植物长柄双花木自然种群数量动态[J].植物生态学报,2004(2):252-257.

[103]谢春平,刘大伟,南程慧,等.金钱松群落优势种群种间联结及群落稳定性研究[J].生态科学,2021,40(1):62-70.

[104]谢影,于海洋,庞忠义,等.东北地区6种槭属植物种子表型多样性分析及优良家系选择[J].植物科学学报,2021,39(6):610-619.

[105]熊海燕.木莲属濒危植物胚胎学研究进展[J].长江大学学报(自科版),2017,14(10):43-45.

[106]熊武建,孙红梅,刘盼盼,等.濒危植物驼峰藤的扦插繁殖及野外回归[J].中山大学学报(自然科学版),2020,59(2):145-151.

[107]徐满厚,刘敏,翟大彤,等.植物种间联结研究内容与方法评述[J].生态学报,2016,36(24):8224-8233.

[108]许玉兰,汪梦婷,蔡年辉,等.不同择伐方式下云南松群体遗传多样性SSR分析[J].西南农业学报,2019,32(7):1498-1502.

[109]杨立荣,张治礼,云勇,等.濒危植物海南龙血树的种群结构与动态[J].生态学报,2018,38(8):2802-2815.

[110]姚志,郭军,金晨钟,等.中国纳入一级保护的极小种群野生植物濒危机制[J].生物多样性,2021,29(3):394-408.

[111]应佳莉.基于MaxEnt模型预测气候变化对中国特有荚蒾潜在分布的影响[D].武汉:中国科学院大学(中国科学院武汉植物园),2021.

[112]袁守良,白小节.珍稀植物赤水蕈树的分布及保护对策探索[J].环保科技,2009,15(1):42-43.

[113]原继东,王志海.时间序列的表示与分类算法综述[J].计算机科学,2015,42(3):1-7.

[114]张金菊,叶其刚,姚小洪,等.片断化生境中濒危植物黄梅秤锤树的开花生物学、繁育系统与生殖成功的因素[J].植物生态学报,2008(4):743-750.

[115]张金屯.数量生态学[M].北京:科学出版社,2004.

[116]张文辉,祖元刚,刘国彬.十种濒危植物的种群生态学特征及致危因素分析[J].生态学报,2002(9):1512-1520.

[117]张亚芳,李登武,王梅,等.黄土高原不同地区杜松种群结构与动态[J].林业科学,2015,51(2):1-10.

[118]张颖，李君，林蔚，等.基于最大熵生态位元模型的入侵杂草春飞蓬在中国潜在分布区的预测[J].应用生态学报，2011，22(11)：2970-2976.

[119]赵欣欣，赵晓东，王奇，等.SSR、AFLP和SRAP分子标记用于玉米杂交种鉴定的多态性比较[J].吉林农业大学学报，2018，40(5)：545-550.

[120]赵阳.洮河上游紫果云杉种群结构与动态特征[D].兰州：甘肃农业大学，2018.

[121]周纪纶，郑师章，杨持.植物种群生态学[M].北京：高等教育出版社，1992.

[122]周利民，邓岚.水土保持生态修复林植物群落演替研究[J].水土保持通报，2004(4)：38-39.

[123]朱晓琴，贺善安，姚青菊，等.鹅掌楸居群遗传结构及其保护对策[J].植物资源与环境，1997(4)：8-15.

[124]竺利波，顾万春，李斌.紫荆群体表型性状多样性研究[J].中国农学通报，2007(3)：138-145.

[125]祝廷成，钟章成，李建东.植物生态学[M].北京：高等教育出版社，1988.

[126]李钧敏，金则新.珍稀濒危植物香果树ISSR-PCR反应体系的筛选与优化[J].安徽农业大学学报，2006(4)：458-461.

[127]刘月，张德鹏，及利，等.择伐对紫椴次生林乔木幼苗分布格局及种间关联性的影响[J].应用生态学报，2020，31(10)：3296-3304.

附表

赤水蕈树群落维管植物名录

说明:本名录记录有赤水蕈树群落维管植物共89科169属247种(包括变种、少数常见栽培种)。其中裸子植物2科4属4种,被子植物75科147属223种。共有4种列入《国家重点保护野生植物名录》(2021版),4种均为国家二级保护野生植物种。文中名录系统:裸子植物采用克氏系统;被子植物采用APG Ⅳ系统。

蕨类植物门 Pteridophyta

一、石松科 Lycopodiaceae

(一)石松属 *Lycopodium* L.

1.石松 *Lycopodium japonicum* Thunb. ex Murray

分布地:半水沟989 m;登子垒798 m。

群落地位:草本层伴生种。

(二)垂穗石松属 *Palhinhaea* Franco & Vasc. ex Vasc. & Franco

2.垂穗石松 *Palhinhaea cernua* (L.) Vasc. et Franco

分布地:上磨子园968 m。

群落地位:草本层伴生种。

二、卷柏科 Selaginellaceae

(三)卷柏属 *Selaginella* P. Beauv.

3.中华卷柏 *Selaginella sinensis* (Desv.) Spring

分布地:茶坪村860 m;登子垒806 m;枷担湾647 m;尖山村751 m。

群落地位:草本层伴生种。

4.翠云草 *Selaginella uncinata* (Desv.) Spring

分布地:茶坪村860 m;上磨子园850 m,885 m,970 m。

群落地位:草本层伴生种。

三、合囊蕨科 Marattiaceae

（四）观音座莲属 *Angiopteris* Hoffm.

5. 福建观音座莲 *Angiopteris fokiensis* Hieron

分布地：包家沟 667 m；登子垒 798 m；天台山 760 m。

群落地位：草本层伴生种。

保护等级：国家二级保护野生植物。

四、紫萁科 Osmundaceae

（五）紫萁属 *Osmunda* Linnaeus

6. 紫萁 *Osmunda japonica* Thunb.

分布地：茶坪村 860 m，869 m；登子垒 798 m，806 m；尖山村 751 m；磨岩村 730 m。

群落地位：草本层伴生种。

五、里白科 Gleicheniaceae

（六）里白属 *Diplopterygium*（Diels）Nakai

7. 里白 *Diplopterygium glaucum*（Thunb. ex Houtt.）Nakai

分布地：茶坪村 860 m；上磨子园 885 m。

群落地位：草本层伴生种。

（七）芒萁属 *Dicranopteris* Bernh

8. 芒萁 *Dicranopteris pedata*（Houtt.）Nakaike

分布地：半水沟 840 m，946 m，947 m，949 m，989 m；茶坪村 860 m，869 m；丹霞农庄 867 m；登子垒 806 m；枷担湾 647 m；尖山村 751 m；莲花台 822 m，839 m，842 m，848 m，861 m；上磨子园 850 m，958 m，968 m，970 m；糖厂沟 830 m，840 m；天台山 760 m；袁家沟 824 m；中洞坪 828 m。

群落地位：草本层优势种。

六、双扇蕨科 Dipteridaceae

（八）双扇蕨属 *Dipteris* Reinw.

9. 双扇蕨 *Dipteris conjugata*（Kaulf.）Reinw.

分布地：半水沟 840 m，946 m，947 m，949 m，989 m；茶坪村 860 m，869 m；丹霞农庄 867 m；登子垒 798 m，806 m；枷担湾 647 m；尖山村 751 m；莲花台 822 m，848 m，861 m；磨岩村 730 m；上磨子园 850 m，885 m，958 m，968 m，970 m；糖厂沟 830 m，840 m；天台山 760 m；袁家沟 824 m；中洞坪 828 m，857 m，886 m，890 m。

群落地位：草本层优势种。

七、桫椤科 Cyatheaceae

（九）桫椤属 *Alsophila* R. Br.

10. 桫椤 *Alsophila spinulosa*（Wall. ex Hook.）R. M. Tryon

分布地：包家沟 667 m。

群落地位：灌木层伴生种。

保护等级：国家二级保护野生植物。

（一十）黑桫椤属 *Gymnosphaera* Blume

11. 小黑桫椤 *Gymnosphaera metteniana*（Hance）Tagawa

分布地：登子垒 798 m；上磨子园 885 m。

群落地位：草本层伴生种。

八、鳞始蕨科 Lindsaeaceae

（一十一）乌蕨属 *Odontosoria* Fee

12. 乌蕨 *Odontosoria chinensis* J. Sm.

分布地：半水沟 840 m，946 m，947 m，949 m，989 m；包家沟 667 m；丹霞农庄 867 m；登子垒 798 m，806 m；莲花台 842 m，848 m，861 m。

群落地位：草本层优势种。

九、碗蕨科 Dennstaedtiaceae

（一十二）蕨属 *Pteridium* Scopoli

13. 蕨 *Pteridium aquilinum* var. *latiusculum*（Desv.）Underw. ex A. Heller

分布地：半水沟 989 m。

群落地位：草本层伴生种。

一十、凤尾蕨科 Pteridaceae

（一十三）凤尾蕨属 *Pteris* Linnaeus

14. 蜈蚣凤尾蕨 *Pteris vittata* L.

分布地：半水沟 949 m，989 m；登子垒 806 m。

群落地位：草本层伴生种。

15. 井栏边草 *Pteris multifida* Poir.

分布地：登子垒 806 m；莲花台 822 m，848 m。

群落地位：草本层伴生种。

一十一、乌毛蕨科 Blechnaceae

(一十四)狗脊属 *Woodwardia* Sm.

16.狗脊 *Woodwardia japonica* (L. f.) Sm.

分布地:半水沟946 m,949 m;登子垒806 m。

群落地位:草本层伴生种。

(一十五)乌毛蕨属 *Blechnopsis* C. Presl

17.乌毛蕨 *Blechnopsis orientalis* (L.) C. Presl

分布地:半水沟840 m,946 m,947 m,949 m;茶坪村860 m,869 m;登子垒798 m;尖山村751 m;莲花台822 m,839 m,842 m,848 m;磨岩村730 m;上磨子园850 m,885 m,958 m,968 m,970 m;糖厂沟830 m;天台山760 m;中洞坪828 m,857 m,886 m,890 m,895 m。

群落地位:草本层优势种。

一十二、鳞毛蕨科 Dryopteridaceae

(一十六)鳞毛蕨属 *Dryopteris* Adanson

18.红盖鳞毛蕨 *Dryopteris erythrosora* (D. C. Eaton) Kuntze

分布地:半水沟989 m;登子垒806 m;莲花台839 m,848 m。

群落地位:草本层伴生种。

(一十七)复叶耳蕨属 *Arachniodes* Blume

19.中华复叶耳蕨 *Arachniodes chinensis* (Rosenst.) Ching

分布地:上磨子园850 m。

群落地位:草本层伴生种。

(一十八)贯众属 *Cyrtomium* C. Presl

20.大叶贯众 *Cyrtomium macrophyllum* (Makino) Tagawa

分布地:包家沟667 m;登子垒798 m;上磨子园968 m;天台山760 m。

群落地位:草本层伴生种。

裸子植物门Gymnospermae

一十三、松科 Pinaceae

(一十九)松属 *Pinus* Linnaeus

21.华山松 *Pinus armandi* Franch.

分布地:上磨子园850 m,958 m,970 m。

群落地位:灌木层伴生种。

一十四、柏科 Cupressaceae

（二十）福建柏属 *Fokienia* A. Henry et H. H. Thomas

22. 福建柏 *Chamaecyparis hodginsii*（Dunn）Rushforth

分布地：茶坪村 869 m。

群落地位：灌木层伴生种。

（二十一）柳杉属 *Cryptomeria* D. Don

23. 柳杉 *Cryptomeria japonica* var. *sinensis* Miq.

分布地：茶坪村 869 m；天台山 760 m。

群落地位：灌木层伴生种。

（二十二）杉木属 *Cunninghamia* R. Br. ex A. Rich.

24. 杉木 *Cunninghamia lanceolata*（Lamb.）Hook.

分布地：茶坪村 860 m；上磨子园 850 m，968 m。

群落地位：灌木层伴生种。

被子植物门 Angiospermae

一十五、五味子科 Schisandraceae

（二十三）八角属 *Illicium* Linnaeus

25. 八角 *Illicium verum* Hook. f.

分布地：中洞坪 828 m。

群落地位：灌木层伴生种。

一十六、木兰科 Magnoliaceae

（二十四）木莲属 *Manglietia* Blume

26. 桂南木莲 *Manglietia conifera* Dandy

分布地：莲花台 861 m。

群落地位：灌木层伴生种。

（二十五）含笑属 *Michelia* Linnaeus

27. 黄心夜合 *Michelia martini*（H. Lév.）Finet & Gagnep. ex H. Lév.

分布地：半水沟 947 m。

群落地位：灌木层伴生种。

一十七、番荔枝科 Annonaceae

（二十六）鹰爪花属 *Artabotrys* R. Br.

28. 香港鹰爪花 *Artabotrys hongkongensis* Hance

分布地：上磨子园958 m，970 m；糖厂沟840 m；天台山760 m。

群落地位：灌木层伴生种。

一十八、樟科 Lauraceae

（二十七）樟属 *Camphora* Fabr.

29. 樟 *Camphora officinarum* Nees

分布地：枷担湾647 m；磨岩村730 m。

群落地位：乔木层伴生种。

（二十八）木姜子属 *Litsea* Lam.

30. 木姜子 *Litsea pungens* Hemsl.

分布地：中洞坪857 m。

群落地位：乔木层伴生种。

31. 云南樟 *Camphora glandulifera*（Wall.）Nees

分布地：天台山760 m。

群落地位：灌木层伴生种。

（二十九）润楠属 *Machilus* Nees

32. 宜昌润楠 *Machilus ichangensis* Rehder & E. H. Wilson

分布地：半水沟946 m，947 m，949 m，989 m；尖山村751 m；莲花台822 m，839 m，842 m，861 m；上磨子园885 m，968 m，970 m；糖厂沟830 m；天台山760 m；中洞坪828 m，886 m。

群落地位：灌木层优势种。

33. 川黔润楠 *Machilus chuanchienensis* S. K. Lee

分布地：半水沟946 m，947 m。

群落地位：灌木层伴生种。

（三十）桂属 *Cinnamomum* Schaeff.

34. 川桂 *Cinnamomum wilsonii* Gamble

分布地：半水沟946 m，947 m，949 m，989 m。

群落地位：灌木层伴生种。

35. 小果润楠 *Machilus microcarpa* Hemsl.

分布地：尖山村751 m；上磨子园968 m；糖厂沟830 m，840 m；天台山760 m。

群落地位：灌木层伴生种。

(三十一)山胡椒属 *Lindera* Thunb.

36.川钓樟 *Lindera pulcherrima* var. *hemsleyana*（Diels）H. P. Tsui

分布地:上磨子园970 m;糖厂沟830 m。

群落地位:灌木层伴生种。

37.峨眉钓樟 *Lindera prattii* Gamble

分布地:半水沟946 m,947 m,949 m,989 m;登子垒798 m;尖山村751 m;天台山760 m。

群落地位:灌木层优势种。

(三十二)楠属 *Phoebe* Nees

38.紫楠 *Phoebe sheareri*（Hemsl.）Gamble

分布地:半水沟946 m,947 m,989 m;丹霞农庄867 m;枷担湾647 m;莲花台822 m,842 m;上磨子园885 m,958 m,968 m,970 m;糖厂沟830 m;中洞坪857 m,886 m,890 m,895 m。

群落地位:灌木层优势种。

39.岩樟 *Cinnamomum saxatile* H. W. Li

分布地:半水沟947 m,949 m;茶坪村860 m;天台山760 m。

群落地位:灌木层伴生种。

40.毛叶木姜子 *Litsea mollis* Hemsl.

分布地:半水沟947 m,949 m;天台山760 m。

群落地位:乔木层伴生种。

41.石木姜子 *Litsea elongata* var. *faberi*（Hemsl.）Yang et P.H.Huang

分布地:半水沟946 m;上磨子园958 m,970 m;糖厂沟830 m;中洞坪886 m。

群落地位:乔木层伴生种。

42.滑叶润楠 *Machilus ichangensis* var. *leiophylla* Hand.-Mazz.

分布地:半水沟947 m,949 m;茶坪村860 m。

群落地位:灌木层伴生种。

43.红叶木姜子 *Litsea rubescens* Lec.

分布地:半水沟947 m,949 m;茶坪村860 m;天台山760 m。

群落地位:灌木层伴生种。

44.香叶树 *Lindera communis* Hemsl.

分布地:半水沟946 m,947 m。

群落地位:灌木层伴生种。

一十九、三白草科 Saururaceae

(三十三)蕺菜属 *Houttuynia* Thunb.

45.蕺菜 *Houttuynia cordata* Thunb.

分布地:包家沟667 m;袁家沟824 m。

群落地位:草本层伴生种。

二十、薯蓣科 Dioscoreaceae

(三十四)薯蓣属 *Dioscorea* Linnaeus

46. 日本薯蓣 *Dioscorea japonica* Thunb.

分布地:茶坪村 869 m。

群落地位:草本层伴生种。

47. 薯蓣 *Dioscorea polystachya* Turcz.

分布地:茶坪村 869 m。

群落地位:草本层伴生种。

二十一、菝葜科 Smilacaceae

(三十五)菝葜属 *Smilax* Linnaeus

48. 卵叶菝葜 *Smilax ovalifolia* Roxb.

分布地:糖厂沟 840 m;中洞坪 857 m,890 m。

群落地位:灌木层伴生种。

49. 土茯苓 *Smilax glabra* Roxb.

分布地:枷担湾 647 m;磨岩村 730 m。

群落地位:灌木层伴生种。

50. 尖叶菝葜 *Smilax arisanensis* Hayata

分布地:茶坪村 860 m。

群落地位:灌木层伴生种。

51. 菝葜 *Smilax china* L.

分布地:磨岩村 730 m;糖厂沟 830 m;天台山 760 m。

群落地位:灌木层伴生种。

52. 小叶菝葜 *Smilax microphylla* C. H. Wright

分布地:糖厂沟 840 m。

群落地位:灌木层伴生种。

53. 马甲菝葜 *Smilax lanceifolia* Roxb.

分布地:糖厂沟 840 m。

群落地位:灌木层伴生种。

54. 光叶菝葜 *Smilax corbularia* var. *woodii* (Merr.) T. Koyama

分布地:莲花台 822 m,848 m;磨岩村 730 m;上磨子园 885 m;糖厂沟 830 m;天台山 760 m;袁家沟 824 m。

群落地位:灌木层伴生种。

二十二、天门冬科 Asparagaceae

（三十六）天门冬属 *Asparagus* Linnaeus

55.天门冬 *Asparagus cochinchinensis*（Lour.）Merr.

分布地：茶坪村 860 m。

群落地位：灌木层伴生种。

（三十七）蜘蛛抱蛋属 *Aspidistra* Ker Gawl.

56.卵叶蜘蛛抱蛋 *Aspidistra typica* Baill.

分布地：莲花台 839 m，842 m；中洞坪 895 m。

群落地位：草本层伴生种。

（三十八）山麦冬属 *Liriope* Lour.

57.山麦冬 *Liriope spicata*（Thunb.）Lour.

分布地：中洞坪 895 m。

群落地位：草本层伴生种。

二十三、棕榈科 Arecaceae

（三十九）棕榈属 *Trachycarpus* H. Wendl.

58.棕榈 *Trachycarpus fortunei*（Hook.）H. Wendl.

分布地：莲花台 848 m。

群落地位：草本层伴生种。

（四十）棕竹属 *Rhapis* L. f. ex Aiton

59.棕竹 *Rhapis excelsa*（Thunb.）A. Henry

分布地：茶坪村 869 m；枷担湾 647 m；中洞坪 886 m。

群落地位：灌木层伴生种。

二十四、莎草科 Cyperaceae

（四十一）薹草属 *Carex* Linnaeus

60.浆果薹草 *Carex baccans* Nees

分布地：半水沟 989 m；登子垒 806 m；磨岩村 730 m。

群落地位：草本层伴生种。

61.十字薹草 *Carex cruciata* Wahlenb.

分布地：茶坪村 860 m；登子垒 806 m；莲花台 822 m，842 m；上磨子园 968 m；糖厂沟 830 m；中洞坪 828 m，886 m，890 m。

群落地位：草本层优势种。

62.丝叶薹草 *Carex capilliformis* Franch.

分布地：半水沟 840 m，947 m，949 m；茶坪村 869 m；丹霞农庄 867 m；登子垒 798 m；枷担湾 647 m；尖山村 751 m；莲花台 839 m，842 m；上磨子园 968 m；糖厂沟 840 m；袁家沟 824 m；中洞坪 895 m。

群落地位：草本层优势种。

（四十二）水蜈蚣属 *Kyllinga* Rottb.

63. 短叶水蜈蚣 *Kyllinga brevifolia* Rottb.

分布地：包家沟 667 m。

群落地位：草本层伴生种。

二十五、禾本科 Poaceae

（四十三）刚竹属 *Phyllostachys* Siebold et Zucc.

64. 毛竹 *Phyllostachys edulis*（Carriere）J. Houz.

分布地：半水沟 946 m；包家沟 667 m；莲花台 842 m；中洞坪 890 m，895 m。

群落地位：草本层伴生种。

（四十四）寒竹属 *Chimonobambusa* Makino

65. 方竹 *Chimonobambusa quadrangularis*（Franceschi）Makino

分布地：磨岩村 730 m。

群落地位：草本层伴生种。

66. 合江方竹 *Chimonobambusa hejiangensis* C. D. Chu et C. S. Chao

分布地：登子垒 806 m。

群落地位：草本层伴生种。

（四十五）芒属 *Miscanthus* Andersson

67. 芒 *Miscanthus sinensis* Anderss.

分布地：半水沟 840 m，947 m，949 m，989 m；包家沟 667 m；茶坪村 860 m，869 m；登子垒 798 m，806 m；尖山村 751 m；莲花台 822 m，842 m，848 m，861 m；磨岩村 730 m；上磨子园 885 m；天台山 760 m；袁家沟 824 m；中洞坪 828 m。

群落地位：灌木层伴生种。

（四十六）荩草属 *Arthraxon* P. Beauv.

68. 矛叶荩草 *Arthraxon prionodes*（Steud.）Dandy

分布地：莲花台 822 m，839 m，839 m，848 m；中洞坪 857 m，886 m，890 m，895 m。

群落地位：灌木层优势种。

（四十七）狗尾草属 *Setaria* P. Beauv.

69. 皱叶狗尾草 *Setaria plicata*（Lam.）T. Cooke

分布地：茶坪村 860 m。

群落地位：草本层伴生种。

（四十八）淡竹叶属 *Lophatherum* Brongn.

70.淡竹叶 *Lophatherum gracile* Brongn.

分布地：半水沟 946 m，947 m，989 m；茶坪村 869 m；登子垒 798 m；尖山村 751 m；莲花台 822 m，839 m，842 m，848 m；磨岩村 730 m；上磨子园 850 m，885 m，958 m，968 m，970 m；天台山 760 m；袁家沟 824 m；中洞坪 886 m，890 m。

群落地位：草本层优势种。

（四十九）异燕麦属 *Helictotrichon* Helictotrichon Besser ex Schult. & Schult. f.

71.异燕麦 *Helictochloa hookeri*（Scribn.）Romero Zarco

分布地：半水沟 840 m，946 m，947 m，949 m，989 m；包家沟 667 m；茶坪村 860 m，869 m；登子垒 798 m，806 m；枷担湾 647 m；尖山村 751 m；莲花台 822 m，842 m，848 m，861 m；磨岩村 730 m；上磨子园 885 m；天台山 760 m，777 m；袁家沟 824 m；中洞坪 828 m。

群落地位：草本层优势种。

（五十）细柄草属 *Capillipedium* Stapf

72.硬秆子草 *Capillipedium assimile*（Steud.）A. Camus

分布地：半水沟 840 m，946 m，947 m，949 m，989 m；包家沟 667 m；茶坪村 860 m，869 m；丹霞农庄 867 m；登子垒 798 m，806 m；枷担湾 647 m；尖山村 751 m；莲花台 822 m，839 m，842 m，848 m，861 m；磨岩村 730 m；糖厂沟 830 m，840 m；天台山 760 m，777 m；袁家沟 824 m；中洞坪 828 m，857 m，886 m，890 m，895 m。

群落地位：乔木层优势种。

73.荩草 *Arthraxon hispidus*（Thunb.）Makino

分布地：中洞坪 886 m，895 m。

群落地位：草本层伴生种。

74.棕叶狗尾草 *Setaria palmifolia*（J. Konig）Stapf

分布地：半水沟 840 m，946 m，947 m，949 m，989 m；包家沟 667 m；茶坪村 860 m，869 m；登子垒 798 m，806 m；枷担湾 647 m；尖山村 751 m；莲花台 822 m，839 m，842 m，848 m，861 m；磨岩村 730 m；上磨子园 958 m；袁家沟 824 m。

群落地位：草本层优势种。

二十六、鸭跖草科 Commelinaceae

（五十一）鸭跖草属 *Commelina* Linnaeus

75.鸭跖草 *Commelina communis* L.

分布地：茶坪村 869 m；磨岩村 730 m。

群落地位：草本层伴生种。

二十七、姜科 Zingiberaceae

（五十二）姜花属 *Hedychium* J. Koenig

76.黄姜花 *Hedychium flavum* Roxb.

分布地：包家沟 667 m；茶坪村 869 m。

群落地位：草本层伴生种。

二十八、木通科 Lardizabalaceae

（五十三）八月瓜属 *Holboellia* Wallich

77.牛姆瓜 *Holboellia grandiflora* Reaub.

分布地：茶坪村 860 m；天台山 760 m。

群落地位：灌木层伴生种。

二十九、防己科 Menispermaceae

（五十四）细圆藤属 *Pericampylus* Miers

78.细圆藤 *Pericampylus glaucus*（Lam.）Merr.

分布地：中洞坪 890 m。

群落地位：灌木层伴生种。

三十、毛茛科 Ranunculaceae

（五十五）铁线莲属 *Clematis* Linnaeus

79.铁线莲 *Clematis florida* Thunb.

分布地：茶坪村 860 m。

群落地位：草本层伴生种。

80.山木通 *Clematis finetiana* Lévl. et Vant.

分布地：丹霞农庄 867 m。

群落地位：灌木层伴生种。

（五十六）银莲花属 *Anemone* Linnaeus

81.打破碗花花 *Anemone hupehensis*（Lemoine）Lemoine

分布地：丹霞农庄 867 m。

群落地位：灌木层伴生种。

三十一、清风藤科 Sabiaceae

（五十七）泡花树属 *Meliosma* Blume

82.香皮树 *Meliosma fordii* Hemsl.

分布地：登子垒 806 m；枷担湾 647 m；上磨子园 885 m，970 m。

群落地位：灌木层伴生种。

83. 泡花树 *Meliosma cuneifolia* Franch.

分布地：茶坪村 860 m；上磨子园 958 m，970 m；中洞坪 886 m，895 m。

群落地位：乔木层伴生种。

三十二、山龙眼科 Proteaceae

（五十八）山龙眼属 *Helicia* Loureiro

84. 网脉山龙眼 *Helicia reticulata* W. T. Wang

分布地：半水沟 840 m，947 m；包家沟 667 m；丹霞农庄 867 m；登子垒 798 m；尖山村 751 m；莲花台 822 m，842 m，848 m；磨岩村 730 m；上磨子园 958 m；糖厂沟 840 m；中洞坪 828 m，886 m，890 m，895 m。

群落地位：灌木层优势种。

三十三、蕈树科 Altingiaceae

（五十九）蕈树属 *Altingia* Noronha

85. 赤水蕈树 *Altingia multinervis* W. C. Cheng

分布地：半水沟 840 m，946 m，947 m，949 m，989 m；包家沟 667 m；茶坪村 860 m，869 m；丹霞农庄 867 m；登子垒 798 m，806 m；枷担湾 647 m；尖山村 751 m；莲花台 822 m，839 m，842 m，848 m，861 m；磨岩村 730 m；上磨子园 850 m，885 m，958 m，968 m，970 m；糖厂沟 830 m，840 m；天台山 760 m，777 m；袁家沟 824 m；中洞坪 828 m，857 m，886 m，890 m，895 m。

群落地位：乔木层优势种、灌木层优势种。

保护等级：国家二级保护野生植物。

（六十）枫香树属 *Liquidambar* Linnaeus

86. 枫香树 *Liquidambar formosana* Hance

分布地：半水沟 949 m，989 m；丹霞农庄 867 m；莲花台 848 m；上磨子园 970 m；中洞坪 857 m，886 m，890 m，895 m。

群落地位：乔木层优势种。

三十四、虎耳草科 Saxifragaceae

（六十一）金腰属 *Chrysosplenium* Tourn. ex L.

87. 大叶金腰 *Chrysosplenium macrophyllum* Oliv.

分布地：上磨子园 850 m。

群落地位：草本层伴生种。

三十五、葡萄科 Vitaceae

(六十二)葡萄属 *Vitis* Linnaeus

88. 毛葡萄 *Vitis heyneana* Roem. et Schult

分布地:中洞坪 890 m。

群落地位:灌木层伴生种。

(六十三)蛇葡萄属 *Ampelopsis* Michaux

89. 三裂蛇葡萄 *Ampelopsis delavayana* Planch.

分布地:糖厂沟 840 m。

群落地位:草本层伴生种。

90. 刺葡萄 *Vitis davidii* (Rom. Caill.) Foëx

分布地:上磨子园 968 m。

群落地位:灌木层伴生种。

(六十四)地锦属 *Parthenocissus* Planchon

91. 三叶地锦 *Parthenocissus semicordata* (Wall.) Planch.

分布地:登子垒 798 m。

群落地位:草本层伴生种。

(六十五)崖爬藤属 *Tetrastigma* (Miq.) Planch.

92. 崖爬藤 *Tetrastigma obtectum* (Wall.) Planch.

分布地:枷担湾 647 m。

群落地位:灌木层伴生种。

(六十六)乌蔹莓属 *Causonis*

93. 乌蔹莓 *Causonis japonica* (Thunb.) Raf.

分布地:中洞坪 890 m。

群落地位:灌木层伴生种。

三十六、豆科 Fabaceae

(六十七)鸡血藤属 *Callerya* Endlicher

94. 亮叶鸡血藤 *Callerya nitida* (Benth.) R. Geesink

分布地:半水沟 947 m。

群落地位:灌木层伴生种。

(六十八)黄檀属 *Dalbergia* Linnaeus f.

95. 藤黄檀 *Dalbergia hancei* Benth.

分布地:半水沟 989 m;莲花台 822 m,848 m;天台山 760 m。

群落地位:灌木层伴生种。

96.灰毛鸡血藤 *Callerya cinerea*（Benth.）Schot

分布地：半水沟 947 m；莲花台 839 m，861 m；磨岩村 730 m；上磨子园 958 m，968 m；中洞坪 895 m。

群落地位：灌木层伴生种。

（六十九）云实属 *Biancaea* Tod.

97.云实 *Biancaea decapetala*（Roth）O. Deg.

分布地：半水沟 946 m；糖厂沟 830 m；天台山 760 m；中洞坪 895 m。

群落地位：灌木层伴生种。

三十七、蔷薇科 Rosaceae

（七十）李属 *Prunus* Linnaeus

98.樱桃 *Prunus pseudocerasus* Lindl.

分布地：茶坪村 869 m。

群落地位：草本层伴生种。

（七十一）悬钩子属 *Rubus* Linnaeus

99.高粱藨 *Rubus lambertianus* Ser.

分布地：半水沟 946 m；中洞坪 886 m。

群落地位：灌木层伴生种。

100.宜昌悬钩子 *Rubus ichangensis* Hemsl. et Kuntze

分布地：莲花台 842 m。

群落地位：灌木层伴生种。

101.山莓 *Rubus corchorifolius* L. f.

分布地：茶坪村 860 m；磨岩村 730 m；上磨子园 958 m，970 m；袁家沟 824 m；中洞坪 886 m。

群落地位：乔木层伴生种。

102.茅莓 *Rubus parvifolius* L.

分布地：茶坪村 860 m。

群落地位：灌木层伴生种。

（七十二）蔷薇属 *Rosa* Linnaeus

103.悬钩子蔷薇 *Rosa rubus* H. Lév. & Vaniot

分布地：上磨子园 968 m。

群落地位：灌木层伴生种。

104.红毛悬钩子 *Rubus wallichianus* Wight & Arn.

分布地：半水沟 949 m。

群落地位：灌木层伴生种。

（七十三）花楸属 *Sorbus* Linnaeus

105.石灰花楸 *Sorbus folgneri*（C. K. Schneid.）Rehder

分布地：半水沟 949 m，989 m；茶坪村 860 m；登子垒 798 m，806 m；莲花台 822 m，839 m，842 m，848 m；糖厂沟 840 m；袁家沟 824 m。

群落地位：灌木层伴生种。

106.小果蔷薇 *Rosa cymosa* Tratt.

分布地：莲花台 842 m；糖厂沟 840 m。

群落地位：灌木层伴生种。

107.金樱子 *Rosa laevigata* Michx.

分布地：丹霞农庄 867 m。

群落地位：灌木层伴生种。

（七十四）龙牙草属 *Agrimonia* L.

108.龙牙草 *Agrimonia pilosa* Ledeb.

分布地：茶坪村 869 m。

群落地位：灌木层伴生种。

三十八、胡颓子科 Elaeagnaceae

（七十五）胡颓子属 *Elaeagnus* Linnaeus

109.银果胡颓子 *Elaeagnus commutata* Bernh. ex Rydb.

分布地：半水沟 949 m。

群落地位：灌木层伴生种。

三十九、鼠李科 Rhamnaceae

（七十六）雀梅藤属 *Sageretia* Brongn.

110.梗花雀梅藤 *Sageretia henryi* Drumm. et Sprague

分布地：茶坪村 860 m。

群落地位：灌木层伴生种。

四十、榆科 Ulmaceae

（七十七）榉属 *Zelkova* Spach

111.榉树 *Zelkova serrata*（Thunb.）Makino

分布地：上磨子园 885 m。

群落地位：灌木层伴生种。

四十一、大麻科 Cannabaceae

(七十八)朴属 *Celtis* Linnaeus

112.朴树 *Celtis sinensis* Pers.

分布地:枷担湾 647 m;中洞坪 886 m。

群落地位:乔木层伴生种。

(七十九)山黄麻属 *Trema* Loureiro

113.山油麻 *Trema cannabina* var. *dielsiana*(Hand.-Mazz.)C. J. Chen

分布地:半水沟 946 m,947 m,989 m;包家沟 667 m;枷担湾 647 m。

群落地位:灌木层伴生种。

114.银毛叶山黄麻 *Trema nitida* C. J. Chen

分布地:枷担湾 647 m;莲花台 842 m。

群落地位:灌木层伴生种。

四十二、桑科 Moraceae

(八十)构属 *Broussonetia* L'Hér. ex Vent.

115.楮构 *Broussonetia* × *kazinoki* Siebold

分布地:半水沟 840 m。

群落地位:灌木层伴生种。

(八十一)榕属 *Ficus* Linnaeus

116.异叶榕 *Ficus heteromorpha* Hemsl.

分布地:登子垒 798 m。

群落地位:灌木层伴生种。

117.冠毛榕 *Ficus gasparriniana* Miq.

分布地:茶坪村 869 m。

群落地位:灌木层伴生种。

118.地果 *Ficus tikoua* Bur.

分布地:半水沟 989 m;茶坪村 860 m。

群落地位:草本层伴生种。

四十三、荨麻科 Urticaceae

(八十二)紫麻属 *Oreocnide* Miquel

119.紫麻 *Oreocnide frutescens*(Thunb.)Miq.

分布地:半水沟 840 m,946 m,947 m,949 m;包家沟 667 m。

群落地位:灌木层伴生种。

(八十三)水麻属 *Debregeasia* Gaudich.

120.水麻 *Debregeasia orientalis* C. J. Chen

分布地:包家沟667 m;中洞坪890 m,895 m。

群落地位:草本层伴生种。

(八十四)糯米团属 *Gonostegia* Turczaninow

121.糯米团 *Gonostegia hirta* (Blume) Miq.

分布地:包家沟667 m;茶坪村860 m;登子垒806 m;袁家沟824 m。

群落地位:草本层伴生种。

(八十五)冷水花属 *Pilea* Lindley

122.冷水花 *Pilea notata* C. H. Wright

分布地:包家沟667 m;登子垒806 m。

群落地位:灌木层伴生种。

(八十六)楼梯草属 *Elatostema* J. R. Forst. & G. Forst.

123.楼梯草 *Elatostema involucratum* Franch. et Sav.

分布地:包家沟667 m;中洞坪890 m。

群落地位:草本层伴生种。

四十四、壳斗科 Fagaceae

(八十七)锥属 *Castanopsis* Spach

124.栲 *Castanopsis fargesii* Franch.

分布地:半水沟840 m,946 m,947 m,949 m,989 m;包家沟667 m;茶坪村860 m,869 m;丹霞农庄867 m;登子垒798 m,806 m;尖山村751 m;莲花台822 m,839 m,842 m,848 m,861 m;磨岩村730 m;上磨子园850 m,885 m,958 m,968 m,970 m;糖厂沟830 m,840 m;天台山760 m;中洞坪828 m,857 m,886 m,890 m,895 m。

群落地位:灌木层伴生种。

(八十八)柯属 *Lithocarpus* Blume

125.灰柯 *Lithocarpus henryi* (Seemen) Rehd. et Wils.

分布地:茶坪村860 m,869 m;莲花台848 m。

群落地位:灌木层伴生种。

126.甜槠 *Castanopsis eyrei* (Champ. ex Benth.) Tutch.

分布地:半水沟840 m,946 m,947 m,949 m,989 m;包家沟667 m;茶坪村860 m,869 m;丹霞农庄867 m;登子垒798 m,806 m;尖山村751 m;莲花台822 m,839 m,842 m,848 m,861 m;磨岩村730 m;上磨子园850 m,885 m,958 m,968 m,970 m;糖厂沟830 m,840 m;天台山760 m;中洞坪828 m,857 m,886 m,890 m,895 m。

群落地位:乔木层优势种、灌木层优势种。

(八十九)栎属 *Quercus* Linnaeus

127.乌冈栎 *Quercus phillyraeoides* A. Gray

分布地:半水沟 840 m,946 m,947 m,949 m,989 m;包家沟 667 m;茶坪村 860 m,869 m;丹霞农庄 867 m;登子垒 798 m,806 m;尖山村 751 m;莲花台 822 m,839 m,842 m,848 m,861 m;磨岩村 730 m;上磨子园 850 m,885 m,958 m,968 m,970 m;糖厂沟 830 m,840 m;天台山 760 m;中洞坪 828 m,857 m,886 m,890 m,895 m。

群落地位:乔木层优势种、灌木层优势种。

128.硬壳柯 *Lithocarpus hancei* Bentham Rehd.

分布地:半水沟 946 m;上磨子园 958 m,968 m。

群落地位:灌木层伴生种。

(九十)栗属 *Castanea* Miller

129.栗 *Castanea mollissima* Blume

分布地:半水沟 946 m;磨岩村 730 m;上磨子园 958 m;糖厂沟 830 m;中洞坪 890 m。

群落地位:乔木层伴生种。

130.白栎 *Quercus fabri* Hance

分布地:茶坪村 860 m;丹霞农庄 867 m;莲花台 822 m,839 m,848 m;磨岩村 730 m。

群落地位:灌木层优势种。

131.茅栗 *Castanea seguinii* Dode

分布地:半水沟 989 m。

群落地位:灌木层伴生种。

132.小叶青冈 *Quercus myrsinifolia* Blume

分布地:丹霞农庄 867 m;莲花台 822 m,861 m;天台山 760 m。

群落地位:灌木层伴生种。

四十五、杨梅科 Myricaceae

(九十一)杨梅属 *Morella* Lour.

133.杨梅 *Morella rubra* Lour.

分布地:茶坪村 869 m;登子垒 798 m;尖山村 751 m;上磨子园 850 m,885 m,958 m,970 m;中洞坪 828 m,895 m。

群落地位:乔木层伴生种。

四十六、胡桃科 Juglandaceae

(九十二)黄杞属 *Engelhardia* Leschenault ex Blume

134.黄杞 *Engelhardia roxburghiana* Wall.

分布地：半水沟 840 m，946 m，947 m，949 m，989 m；包家沟 667 m；茶坪村 860 m；尖山村 751 m；莲花台 822 m，839 m，842 m，861 m；磨岩村 730 m；上磨子园 850 m，885 m，958 m，968 m，970 m；糖厂沟 830 m；天台山 760 m；中洞坪 828 m，857 m，886 m，895 m。

群落地位：乔木层优势种、灌木层优势种。

(九十三)化香树属 *Platycarya* Siebold et Zuccarini

135. 化香树 *Platycarya strobilacea* Sieb. et Zucc.

分布地：半水沟 946 m；登子垒 806 m；莲花台 861 m；中洞坪 828 m，886 m，895 m。

群落地位：乔木层伴生种。

四十七、桦木科 Betulaceae

(九十四)桦木属 *Betula* Linnaeus

136. 亮叶桦 *Betula luminifera* H. J. P. Winkl.

分布地：上磨子园 958 m。

群落地位：灌木层伴生种。

(九十五)桤木属 *Alnus* Miller

137. 尼泊尔桤木 *Alnus nepalensis* D. Don

分布地：半水沟 840 m，946 m，947 m，949 m，989 m；登子垒 806 m；莲花台 839 m，842 m；磨岩村 730 m；中洞坪 857 m。

群落地位：灌木层优势种。

(九十六)鹅耳枥属 *Carpinus* Linnaeus

138. 云贵鹅耳枥 *Carpinus pubescens* Burk.

分布地：上磨子园 850 m，970 m。

群落地位：灌木层伴生种。

四十八、大戟科 Euphorbiaceae

(九十七)野桐属 *Mallotus* Loureiro

139. 野桐 *Mallotus tenuifolius* Pax

分布地：半水沟 840 m，946 m，947 m，包家沟 667 m；登子垒 798 m，806 m；枷担湾 647 m；尖山村 751 m；莲花台 848 m，861 m；上磨子园 958 m；糖厂沟 840 m；天台山 760 m。

群落地位：灌木层伴生种。

(九十八)乌桕属 *Triadica* Loureiro

140. 乌桕 *Triadica sebifera* (L.) Small

分布地：半水沟 949 m。

群落地位：灌木层伴生种。

141. 毛桐 *Mallotus barbatus*（Wall. ex Baill.）Müll. Arg.

分布地：半水沟 840 m，946 m，949 m，989 m；包家沟 667 m；茶坪村 860 m；丹霞农庄 867 m；登子垒 798 m；尖山村 751 m；莲花台 842 m，848 m；磨岩村 730 m；上磨子园 885 m；中洞坪 828 m，857 m，890 m。

群落地位：灌木层优势种。

142. 石岩枫 *Mallotus repandus*（Willd.）Müll. Arg.

分布地：半水沟 949 m。

群落地位：乔木层伴生种。

四十九、叶下珠科 Phyllanthaceae

（九十九）算盘子属 *Glochidion* J. R. Forst. & G. Forst.

143. 算盘子 *Glochidion puberum*（L.）Hutch.

分布地：上磨子园 885 m，958 m。

群落地位：灌木层伴生种。

144. 湖北算盘子 *Glochidion wilsonii* Hutch.

分布地：登子垒 798 m；尖山村 751 m；袁家沟 824 m。

群落地位：灌木层伴生种。

五十、杨柳科 Salicaceae

（一百）山桐子属 *Idesia* Maximowicz

145. 山桐子 *Idesia polycarpa* Maxim.

分布地：包家沟 667 m；茶坪村 860 m。

群落地位：灌木层伴生种。

（一百〇一）杨属 *Populus* Linnaeus

146. 响叶杨 *Populus adenopoda* Maxim.

分布地：茶坪村 869 m。

群落地位：灌木层伴生种。

五十一、堇菜科 Violaceae

（一百〇二）堇菜属 *Viola* Linnaeus

147. 鸡腿堇菜 *Viola acuminata* Ledeb.

分布地：茶坪村 860 m。

群落地位：草本层伴生种。

五十二、酢浆草科 Oxalidaceae

(一百〇三)酢浆草属 *Oxalis* Linnaeus

148. 酢浆草 *Oxalis corniculata* L.

分布地:包家沟667 m。

群落地位:草本层伴生种。

五十三、杜英科 Elaeocarpaceae

(一百〇四)杜英属 *Elaeocarpus* Linnaeus

149. 杜英 *Elaeocarpus decipiens* Hemsl.

分布地:半水沟947 m;莲花台861 m;上磨子园958 m;糖厂沟830 m,840 m。

群落地位:灌木层伴生种。

150. 日本杜英 *Elaeocarpus japonicus* Sieb. et Zucc.

分布地:尖山村751 m;上磨子园850 m,958 m,970 m;糖厂沟840 m。

群落地位:灌木层伴生种。

五十四、桃金娘科 Myrtaceae

(一百〇五)蒲桃属 *Syzygium* Gaertn.

151. 赤楠 *Syzygium buxifolium* Hook. et Arn.

分布地:天台山760 m。

群落地位:灌木层伴生种。

五十五、野牡丹科 Melastomataceae

(一百〇六)野牡丹属 *Melastoma* Linnaeus

152. 印度野牡丹 *Melastoma malabathricum* Linnaeus

分布地:半水沟840 m,949 m;茶坪村860 m;磨岩村730 m;上磨子园958 m。

群落地位:草本层优势种。

五十六、省沽油科 Staphyleaceae

(一百〇七)野鸦椿属 *Euscaphis* Siebold et Zuccarini

153. 野鸦椿 *Euscaphis japonica* (Thunb. ex Roem. & Schult.) Kanitz

分布地:包家沟667 m;茶坪村860 m;登子垒798 m;莲花台842 m;上磨子园850 m,958 m,970 m。

群落地位:灌木层伴生种。

五十七、漆树科 Anacardiaceae

(一百〇八)南酸枣属 *Choerospondias* B. L. Burtt et A. W. Hill

154.南酸枣 *Choerospondias axillaris* (Roxb.) B. L. Burtt & A. W. Hill

分布地:登子垒 806 m;莲花台 861 m;上磨子园 850 m,958 m;糖厂沟 840 m;中洞坪 828 m,857 m,886 m,890 m,895 m。

群落地位:乔木层伴生种。

(一百〇九)漆树属 *Toxicodendron* (Tourn.) Mill.

155.野漆 *Toxicodendron succedaneum* (L.) Kuntze

分布地:半水沟 949 m;登子垒 798 m,806 m;枷担湾 647 m;莲花台 842 m,848 m;磨岩村 730 m。

群落地位:灌木层伴生种。

(一百一十)盐麸木属 *Rhus* Tourn. ex L.

156.盐麸木 *Rhus chinensis* Mill.

分布地:茶坪村 869 m;登子垒 806 m。

群落地位:灌木层伴生种。

157.漆 *Toxicodendron vernicifluum* (Stokes) F. A. Barkl.

分布地:上磨子园 970 m;糖厂沟 840 m。

群落地位:灌木层伴生种。

158.红麸杨 *Rhus punjabensis* var. *sinica* (Diels) Rehd.et E. H. Wils.

分布地:糖厂沟 840 m。

群落地位:灌木层伴生种。

五十八、无患子科 Sapindaceae

(一百一十一)槭属 *Acer* Linnaeus

159.罗浮槭 *Acer fabri* Hance

分布地:茶坪村 860 m;登子垒 806 m。

群落地位:灌木层伴生种。

160.青榨槭 *Acer davidii* Franch.

分布地:半水沟 840 m,946 m,947 m,949 m;茶坪村 860 m,869 m;登子垒 798 m;尖山村 751 m;莲花台 861 m;上磨子园 885 m,958 m,968 m。

群落地位:灌木层优势种。

161.三峡槭 *Acer wilsonii* Rehd.

分布地:半水沟 840 m,946 m;茶坪村 860 m;尖山村 751 m;上磨子园 968 m。

群落地位:灌木层伴生种。

162.红果罗浮槭 *Acer fabri* var. *rubrocarpus* Metc

分布地：半水沟 840 m，946 m，947 m，949 m；茶坪村 860 m，869 m；登子垒 798 m；尖山村 751 m；莲花台 861 m；上磨子园 885 m，958 m，968 m。

群落地位：灌木层伴生种。

163.中华槭 *Acer sinense* Pax

分布地：茶坪村 860 m。

群落地位：灌木层伴生种。

五十九、芸香科 Rutaceae

（一百一十二）吴茱萸属 *Tetradium* Sweet

164.楝叶吴萸 *Tetradium glabrifolium*（Champ. ex Benth.）T. G. Hartley

分布地：包家沟 667 m。

群落地位：灌木层伴生种。

（一百一十三）柑橘属 *Citrus* L.

165.柚 *Citrus maxima*（Burm.）Merr.

分布地：半水沟 840 m，946 m，947 m，989 m；包家沟 667 m；上磨子园 958 m，970 m。

群落地位：灌木层伴生种。

六十、苦木科 Simaroubaceae

（一百一十四）苦木属 *Picrasma* Blume

166.苦木 *Picrasma quassioides*（D. Don）Benn.

分布地：茶坪村 860 m；尖山村 751 m；袁家沟 824 m。

群落地位：灌木层伴生种。

（一百一十五）臭椿属 *Ailanthus* Desfontaines

167.臭椿 *Ailanthus altissima*（Mill.）Swingle

分布地：磨岩村 730 m。

群落地位：乔木层伴生种。

六十一、楝科 Meliaceae

（一百一十六）楝属 *Melia* Linnaeus

168.楝 *Melia azedarach* L.

分布地：登子垒 806 m；天台山 760 m。

群落地位：灌木层伴生种。

六十二、蓼科 Polygonaceae

(一百一十七)蓼属 *Persicaria* (L.) Mill.

169.火炭母 *Persicaria chinensis* (L.) H. Gross

分布地:半水沟989 m;莲花台842 m。

群落地位:草本层伴生种。

170.扛板归 *Persicaria perfoliata* (L.) H. Gross

分布地:磨岩村730 m。

群落地位:草本层伴生种。

171.尼泊尔蓼 *Persicaria nepalensis* (Meisn.) H. Gross

分布地:茶坪村860 m。

群落地位:草本层伴生种。

172.头花蓼 *Persicaria capitata* (Buch.-Ham. ex D. Don) H. Gross

分布地:磨岩村730 m。

群落地位:草本层伴生种。

六十三、蓝果树科 Nyssaceae

(一百一十八)喜树属 *Camptotheca* Decne.

173.喜树 *Camptotheca acuminata* Decne.

分布地:包家沟667 m;茶坪村860 m;登子垒806 m;上磨子园850 m,885 m,958 m,970 m。

群落地位:灌木层伴生种。

(一百一十九)蓝果树属 *Nyssa* Gronov. ex L.

174.蓝果树 *Nyssa sinensis* Oliv.

分布地:登子垒806 m。

群落地位:灌木层伴生种。

六十四、山茱萸科 Cornaceae

(一百二十)山茱萸属 *Cornus* Linnaeus

175.灯台树 *Cornus controversa* Hemsley

分布地:半水沟949 m,989 m;包家沟667 m;茶坪村860 m;上磨子园958 m;袁家沟824 m。

群落地位:灌木层伴生种。

六十五、绣球科 Hydrangeaceae

(一百二十一)绣球属 *Hydrangea* Linnaeus

176.蜡莲绣球 *Hydrangea strigosa* Rehd.

分布地:尖山村751 m。

群落地位:灌木层伴生种。

(一百二十二)常山属 *Dichroa* Lour.

177.常山 *Dichroa febrifuga* Lour.

分布地:包家沟667 m;中洞坪890 m。

群落地位:灌木层伴生种。

六十六、五列木科 Pentaphylacaceae

(一百二十三)柃属 *Eurya* Thunberg

178.贵州毛柃 *Eurya kueichowensis* Hu et L. K. Ling

分布地:茶坪村860 m;登子垒798 m;糖厂沟830 m;中洞坪890 m。

群落地位:乔木层伴生种。

(一百二十四)红淡比属 *Cleyera* Thunberg

179.红淡比 *Cleyera japonica* Thunb.

分布地:磨岩村730 m;上磨子园958 m,970 m;中洞坪890 m。

群落地位:乔木层伴生种。

180.细齿叶柃 *Eurya nitida* Korthals

分布地:半水沟840 m,946 m,947 m,989 m;茶坪村860 m;登子垒798 m,806 m;莲花台861 m;磨岩村730 m;上磨子园850 m,885 m,958 m,968 m,970 m;天台山760 m;袁家沟824 m;中洞坪828 m,857 m,890 m,895 m。

群落地位:灌木层优势种。

六十七、柿科 Ebenaceae

(一百二十五)柿属 *Diospyros* L.

181.乌柿 *Diospyros cathayensis* Steward

分布地:丹霞农庄867 m;尖山村751 m;莲花台848 m;上磨子园958 m,970 m;糖厂沟830 m;天台山760 m。

群落地位:灌木层伴生种。

182.柿 *Diospyros kaki* Thunb.

分布地:茶坪村869 m。

群落地位:灌木层伴生种。

183.野柿 *Diospyros kaki* var. *silvestris* Makino

分布地:半水沟989 m;尖山村751 m。

群落地位:灌木层伴生种。

六十八、报春花科 Primulaceae

(一百二十六)铁仔属 *Myrsine* L.

184.铁仔 *Myrsine africana* L.

分布地:半水沟989 m;上磨子园968 m。

群落地位:灌木层伴生种。

(一百二十七)杜茎山属 *Maesa* Forssk.

185.长叶杜茎山 *Maesa longilanceolata* C. Chen

分布地:枷担湾647 m;莲花台848 m;糖厂沟830 m;中洞坪828 m。

群落地位:草本层伴生种。

186.杜茎山 *Maesa japonica*(Thunb.)Moritzi. ex Zoll.

分布地:半水沟989 m;包家沟667 m;莲花台842 m。

群落地位:草本层伴生种。

(一百二十八)紫金牛属 *Ardisia* Sw.

187.朱砂根 *Ardisia crenata* Sims

分布地:半水沟947 m;登子垒798 m;上磨子园885 m,958 m,968 m。

群落地位:灌木层伴生种。

(一百二十九)珍珠菜属 *Lysimachia* Linnaeus

188.临时救 *Lysimachia congestiflora* Hemsl.

分布地:枷担湾647 m;莲花台848 m;糖厂沟830 m;中洞坪828 m。

群落地位:灌木层伴生种。

189.矮桃 *Lysimachia clethroides* Duby

分布地:上磨子园968 m。

群落地位:灌木层伴生种。

六十九、山茶科 Theaceae

(一百三十)大头茶属 *Polyspora* Sweet

190.四川大头茶 *Polyspora speciosa*(Kochs)Bartholo & T. L. Ming

分布地:半水沟949 m;莲花台848 m;上磨子园968 m。

群落地位:灌木层伴生种。

(一百三十一)山茶属 *Camellia* Linnaeus

191.西南红山茶 *Camellia pitardii* Cohen-Stuart

分布地:半水沟989 m;丹霞农庄867 m;莲花台822 m,848 m;上磨子园968 m;糖厂沟830 m,840 m;中洞坪890 m。

群落地位:乔木层伴生种。

192. 油茶 *Camellia oleifera* Abel.

分布地：茶坪村 869 m。

群落地位：灌木层伴生种。

193. 茶 *Camellia sinensis* (L.) Kuntze

分布地：半水沟 840 m，949 m，989 m；包家沟 667 m；丹霞农庄 867 m；尖山村 751 m；莲花台 822 m，842 m，848 m；上磨子园 885 m，968 m，970 m；袁家沟 824 m；中洞坪 828 m，857 m，886 m，890 m，895 m。

群落地位：乔木层优势种。

七十、山矾科 Symplocaceae

（一百三十二）山矾属 *Symplocos* Jacquin

194. 山矾 *Symplocos sumuntia* Buch.-Ham. ex D. Don

分布地：莲花台 822 m；上磨子园 850 m，968 m；天台山 760 m。

群落地位：灌木层伴生种。

195. 老鼠屎 *Symplocos stellaris* Brand

分布地：丹霞农庄 867 m；登子垒 806 m；莲花台 848 m；上磨子园 885 m。

群落地位：灌木层伴生种。

196. 黄牛奶树 *Symplocos theophrastifolia* Siebold et Zucc.

分布地：丹霞农庄 867 m；登子垒 806 m；莲花台 848 m；上磨子园 885 m。

群落地位：灌木层伴生种。

197. 薄叶山矾 *Symplocos anomala* Brand

分布地：中洞坪 895 m。

群落地位：乔木层伴生种。

198. 黑山山矾 *Symplocos prunifolia* Siebold et Zucc.

分布地：尖山村 751 m；莲花台 822 m；糖厂沟 840 m。

群落地位：灌木层伴生种。

七十一、猕猴桃科 Actinidiaceae

（一百三十三）水东哥属 *Saurauia* Willdenow

199. 尼泊尔水东哥 *Saurauia napaulensis* DC.

分布地：茶坪村 860 m；中洞坪 895 m。

群落地位：灌木层伴生种。

（一百三十四）猕猴桃属 *Actinidia* Lindley

200. 中华猕猴桃 *Actinidia chinensis* Planch.

分布地：磨岩村 730 m。

群落地位：灌木层伴生种。

保护等级：国家二级保护野生植物。

201. 硬齿猕猴桃 *Actinidia callosa* Lindl.

分布地：茶坪村 860 m；磨岩村 730 m。

群落地位：乔木层伴生种。

七十二、桤叶树科 Clethraceae

（一百三十五）桤叶树属 *Clethra* Gronov. ex L.

202. 贵州桤叶树 *Clethra kaipoensis* H. Lév.

分布地：天台山 760 m。

群落地位：灌木层伴生种。

七十三、杜鹃花科 Ericaceae

（一百三十六）杜鹃花属 *Rhododendron* L.

203. 马银花 *Rhododendron ovatum*（Lindl.）Planch.

分布地：半水沟 946 m，947 m，949 m，989 m；茶坪村 860 m；丹霞农庄 867 m；登子垒 798 m；莲花台 822 m，842 m；上磨子园 885 m，958 m，968 m，970 m；糖厂沟 830 m，840 m。

群落地位：灌木层优势种。

（一百三十七）吊钟花属 *Enkianthus* Loureiro

204. 齿缘吊钟花 *Enkianthus serrulatus*（E. H. Wilson）C. K. Schneid

分布地：半水沟 840 m，947 m；茶坪村 860 m；丹霞农庄 867 m；登子垒 798 m；莲花台 822 m，861 m；上磨子园 850 m，885 m，958 m，968 m，970 m；糖厂沟 830 m；中洞坪 828 m，857 m，886 m，890 m，895 m。

群落地位：灌木层优势种。

（一百三十八）越橘属 *Vaccinium* L.

205. 米饭花 *Vaccinium sprengelii*（G. Don）Sleumer

分布地：丹霞农庄 867 m。

群落地位：灌木层伴生种。

七十四、茜草科 Rubiaceae

（一百三十九）茜树属 *Aidia* Lour.

206. 茜树 *Aidia cochinchinensis* Lour.

分布地：枷担湾 647 m；尖山村 751 m；莲花台 848 m；磨岩村 730 m；上磨子园 850 m，885 m，968 m；天台山 760 m；中洞坪 828 m，857 m，895 m。

群落地位：灌木层优势种。

(一百四十)钩藤属 *Uncaria* Schreber

207. 钩藤 *Uncaria rhynchophylla*（Miq.）Miq. ex Havil.

分布地:茶坪村869 m;磨岩村730 m。

群落地位:草本层伴生种。

(一百四十一)鸡屎藤属 *Paederia* L.

208. 鸡屎藤 *Paederia foetida* L.

分布地:中洞坪895 m。

群落地位:草本层伴生种。

(一百四十二)白马骨属 *Serissa* Comm. ex Juss.

209. 六月雪 *Serissa japonica*（Thunb.）Thunb.

分布地:半水沟946 m,989 m。

群落地位:灌木层伴生种。

七十五、木樨科 Oleaceae

(一百四十三)女贞属 *Ligustrum* Linnaeus

210. 小蜡 *Ligustrum sinense* Lour.

分布地:半水沟946 m。

群落地位:灌木层伴生种。

211. 多毛小蜡 *Ligustrum sinense* var. *coryanum*（W. W. Sm.）Hand.-Mazz.

分布地:天台山760 m。

群落地位:灌木层伴生种。

七十六、车前科 Plantaginaceae

(一百四十四)车前属 *Plantago* Linnaeus

212. 车前 *Plantago asiatica* L.

分布地:包家沟667 m。

群落地位:草本层伴生种。

七十七、玄参科 Scrophulariaceae

(一百四十五)醉鱼草属 *Buddleja* Linnaeus

213. 醉鱼草 *Buddleja lindleyana* Fort.

分布地:半水沟949 m,989 m;莲花台842 m。

群落地位:灌木层伴生种。

七十八、唇形科 Lamiaceae

(一百四十六)香薷属 *Elsholtzia* Willdenow

214. 鸡骨柴 *Elsholtzia fruticosa*(D. Don) Rehd.

分布地:包家沟 667 m。

群落地位:草本层伴生种。

(一百四十七)风轮菜属 *Clinopodium* Linnaeus

215. 风轮菜 *Clinopodium chinense*(Benth.) Kuntze

分布地:包家沟 667 m。

群落地位:灌木层伴生种。

七十九、泡桐科 Paulowniaceae

(一百四十八)泡桐属 *Paulownia* Siebold et Zuccarini

216. 白花泡桐 *Paulownia fortunei*(Seem.) Hemsl.

分布地:包家沟 667 m;茶坪村 860 m;中洞坪 890 m。

群落地位:乔木层伴生种。

八十、爵床科 Acanthaceae

(一百四十九)马蓝属 *Strobilanthes* Blume

217. 板蓝 *Strobilanthes cusia*(Nees) Kuntze

分布地:包家沟 667 m。

群落地位:草本层伴生种。

(一百五十)爵床属 *Justicia* Linnaeus

218. 爵床 *Justicia procumbens* Linnaeus

分布地:包家沟 667 m。

群落地位:灌木层伴生种。

八十一、青荚叶科 Helwingiaceae

(一百五十一)青荚叶属 *Helwingia* Willdenow

219. 西域青荚叶 *Helwingia himalaica* Hook. f. et Thoms. ex C. B. Clarke

分布地:天台山 760 m。

群落地位:灌木层伴生种。

八十二、冬青科 Aquifoliaceae

(一百五十二)冬青属 *Ilex* Linnaeus

220. 四川冬青 *Ilex szechwanensis* Loes.

分布地:中洞坪890 m,895 m。

群落地位:灌木层伴生种。

221. 刺叶冬青 *Ilex bioritsensis* Hayata

分布地:天台山760 m。

群落地位:灌木层伴生种。

222. 河滩冬青 *Ilex metabaptista* Loes. ex Diels

分布地:上磨子园958 m;糖厂沟840 m。

群落地位:灌木层伴生种。

223. 冬青 *Ilex chinensis* Sims

分布地:天台山760 m。

群落地位:乔木层伴生种。

八十三、桔梗科 Campanulaceae

(一百五十三)半边莲属 *Lobelia* Linnaeus

224. 铜锤玉带草 *Lobelia nummularia* Lam.

分布地:茶坪村860 m。

群落地位:草本层伴生种。

八十四、菊科 Asteraceae

(一百五十四)野茼蒿属 *Crassocephalum* Moench

225. 野茼蒿 *Crassocephalum crepidioides* (Benth.) S. Moore

分布地:茶坪村869 m;莲花台842 m;中洞坪857 m。

群落地位:草本层伴生种。

(一百五十五)飞蓬属 *Erigeron* Linnaeus

226. 飞蓬 *Erigeron acris* L.

分布地:半水沟949 m,989 m;包家沟667 m;登子垒798 m,806 m;枷担湾647 m;莲花台842 m。

群落地位:草本层伴生种。

(一百五十六)羊耳菊属 *Duhaldea* DC.

227. 羊耳菊 *Duhaldea cappa* (Buch.-Ham. ex DC.) Anderb.

分布地:包家沟667 m。

群落地位:草本层伴生种。

(一百五十七)紫菀属 *Aster* Linnaeus

228. 三脉紫菀 *Aster ageratoides* Turcz.

分布地：茶坪村 869 m；莲花台 842 m；中洞坪 857 m。

群落地位：草本层伴生种。

(一百五十八)艾纳香属 *Blumea* DC.

229. 东风草 *Blumea megacephala* (Randeria) Chang et Tseng

分布地：磨岩村 730 m。

群落地位：草本层伴生种。

(一百五十九)天名精属 *Carpesium* Linnaeus

230. 烟管头草 *Carpesium cernuum* L.

分布地：包家沟 667 m；茶坪村 869 m；袁家沟 824 m。

群落地位：草本层伴生种。

231. 一年蓬 *Erigeron annuus* (L.) Pers.

分布地：包家沟 667 m。

群落地位：草本层伴生种。

232. 天名精 *Carpesium abrotanoides* L.

分布地：包家沟 667 m。

群落地位：草本层伴生种。

(一百六十)豨莶属 *Sigesbeckia* Linnaeus

233. 豨莶 *Sigesbeckia orientalis* Linnaeus

分布地：半水沟 989 m；莲花台 842 m。

群落地位：草本层伴生种。

(一百六十一)千里光属 *Senecio* Linnaeus

234. 千里光 *Senecio scandens* Buch.-Ham. ex D. Don

分布地：包家沟 667 m。

群落地位：草本层伴生种。

(一百六十二)苦苣菜属 *Sonchus* Linnaeus

235. 苣荬菜 *Sonchus wightianus* DC.

分布地：半水沟 949 m。

群落地位：草本层伴生种。

八十五、海桐科 Pittosporaceae

(一百六十三)海桐属 *Pittosporum* Banks ex Gaertn.

236. 光叶海桐 *Pittosporum glabratum* Lindl.

分布地：茶坪村 860 m；登子垒 806 m；上磨子园 850 m，885 m，958 m，968 m；中洞坪 890 m，895 m。

群落地位:乔木层伴生种。

237.海金子 *Pittosporum illicioides* Makino

分布地:莲花台842 m;中洞坪895 m。

群落地位:灌木层伴生种。

八十六、五加科 Araliaceae

(一百六十四)鹅掌柴属 *Heptapleurum* Gaertn.

238.穗序鹅掌柴 *Heptapleurum delavayi* Franch.

分布地:半水沟949 m;茶坪村860 m;磨岩村730 m。

群落地位:灌木层伴生种。

(一百六十五)楤木属 *Aralia* Linnaeus

239.黄毛楤木 *Aralia chinensis* L.

分布地:包家沟667 m;茶坪村860 m;登子垒798 m;尖山村751 m;莲花台839 m,848 m;磨岩村730 m。

群落地位:灌木层伴生种。

240.棘茎楤木 *Aralia echinocaulis* Hand.-Mazz.

分布地:尖山村751 m。

群落地位:灌木层伴生种。

241.短序鹅掌柴 *Heptapleurum bodinieri* H. Lév.

分布地:上磨子园970 m。

群落地位:灌木层伴生种。

(一百六十六)罗伞属 *Brassaiopsis* Decne. & Planch.

242.栎叶罗伞 *Brassaiopsis quercifolia* G. Hoo

分布地:包家沟667 m;枷担湾647 m;尖山村751 m;上磨子园970 m。

群落地位:灌木层伴生种。

243.罗伞 *Brassaiopsis glomerulata* (Blume) Regel

分布地:半水沟947 m;茶坪村860 m;丹霞农庄867 m;登子垒798 m;枷担湾647 m;尖山村751 m;莲花台842 m,848 m,861 m;磨岩村730 m;上磨子园850 m,885 m,968 m,970 m;糖厂沟840 m;中洞坪857 m,886 m,890 m,895 m。

群落地位:灌木层伴生种。

八十七、伞形科 Apiaceae

(一百六十七)鸭儿芹属 *Cryptotaenia* DC.

244.鸭儿芹 *Cryptotaenia japonica* Hassk.

分布地:包家沟667 m;袁家沟824 m。

群落地位:草本层伴生种。

八十八、荚蒾科 Viburnaceae

(一百六十八)荚蒾属 *Viburnum* Linnaeus

245.宜昌荚蒾 *Viburnum erosum* Thunb.

分布地:磨岩村730 m。

群落地位:灌木层伴生种。

246.巴东荚蒾 *Viburnum henryi* Hemsl.

分布地:天台山760 m。

群落地位:灌木层伴生种。

八十九、忍冬科 Caprifoliaceae

(一百六十九)败酱属 *Patrinia* Jussieu

247.攀倒甑 *Patrinia villosa* (Thunb.) Juss.

分布地:磨岩村730 m。

群落地位:草本层伴生种。

附图

赤水蕈树资源调查工作照

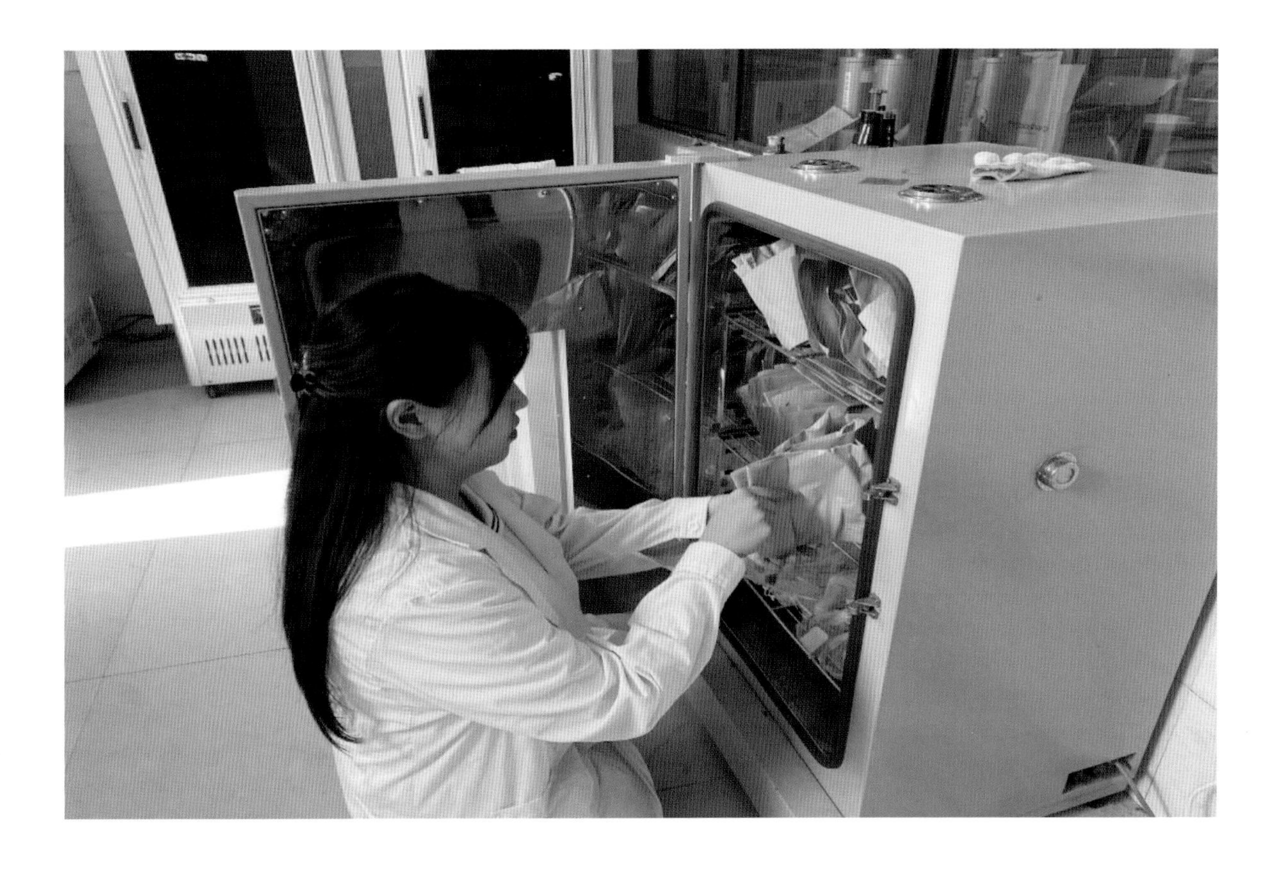